马铃薯高产栽培技术

唐子永　郭艳梅　编著

中国农业科学技术出版社

图书在版编目（CIP）数据

马铃薯高产栽培技术/唐子永，郭艳梅编著. —北京：
中国农业科学技术出版社，2014.4
　ISBN 978-7-5116-1555-8

　Ⅰ.①马…　Ⅱ.①唐…　②郭…　Ⅲ.①马铃薯—栽培技术　Ⅳ.
①S532

中国版本图书馆 CIP 数据核字（2014）第 040753 号

责任编辑　徐　毅
责任校对　贾晓红

出版发行　中国农业科学技术出版社
　　　　　　　北京市中关村南大街 12 号　邮编：100081
电　　话　(010) 82106631（编辑室）
　　　　　　　(010) 82109702（发行部）
　　　　　　　(010) 82109709（读者服务部）
传　　真　(010) 82106631
社 网 址　http://www.castp.cn
经 销 者　各地新华书店
印　　刷　北京昌联印刷有限公司
开　　本　850mm×1168mm　1/32
印　　张　4.625
字　　数　115 千字
版　　次　2014 年 4 月第 1 版　2014 年 4 月第 1 次印刷
定　　价　18.00

《马铃薯高产栽培技术》
编委会

内容提要

全书共分为 6 章，第一章是概述，主要从马铃薯的起源和传播、马铃薯的营养价值与用途、我国马铃薯的种植分布与市场潜力、滕州马铃薯的种植历史与发展 4 个方面予以介绍；第二章是马铃薯的生物学特性，包括马铃薯的植物学特性、马铃薯生长发育的 5 个时期、马铃薯生长的外部环境条件；第三章主要介绍滕州目前使用的马铃薯品种与提倡的几种间作套种模式；第四章重点介绍马铃薯的高效栽培技术，包括栽培模式类型、马铃薯高效栽培技术、滕州马铃薯膜上覆土技术、马铃薯机械化栽培技术、马铃薯无公害栽培技术 5 个方面；第五章论述了马铃薯的几种病虫害及防治方法；第六章对马铃薯的采收与贮藏、保鲜作了简单介绍。

本书主要是为滕州市新型职业农民培育和阳光工程项目的学员提供参考之用，借鉴了多位马铃薯研究者的写作思路，同时，根据滕州马铃薯的特殊性，增加了滕州马铃薯的种植历史与发展、滕州马铃薯的膜上覆土技术等，以期为学员提供帮助。

序

我国是马铃薯生产大国，种植面积已突破 8 000 万亩，占世界总面积的 1/4，年产量更是位居世界之首。作为粮菜兼用的食物，马铃薯对于我国粮食安全具有十分重要的意义。在三年自然灾害时期，就有农业专家提出要"多种马铃薯抢救春荒"，小小的马铃薯挽救了人民的生命。习近平同志在 2013 年全国农村工作会议上强调"中国人的饭碗任何时候都要牢牢端在自己手上"，凸显国家粮食安全的重要性，马铃薯种植产量大、营养价值高、经济效益好，可以作为国家战略粮食储备作物。

大量种植马铃薯不仅能够满足人民生活所需，还能远销海外，在提高人民收入水平的同时，给国家创造巨大的财富。业内有句话叫做"世界马铃薯看中国，中国马铃薯看滕州"。位于山东省南部的滕州市是农业部认定的"中国马铃薯之乡"，1975 年第一次全国马铃薯科研协作会议就在这里召开。滕州市气候适宜、光热丰富，降水充足，适合包括马铃薯在内的多种农作物的生长，马铃薯产业已经成为当地农业的支柱产业，其种植技术在世界范围内都处在较高水平。笔者曾到滕州市的界河、龙阳等镇实地考察马铃薯标准化生产基地，发现马铃薯在这里已然成为了相当大的产业，无论是品质产量，还是加工销售，均取得了显著成果，"滕州马铃薯"获国家地理标志认证，已经成为了中国马铃薯第一品牌。2014 年，中国国际薯业博览会也将在滕州举办，这不仅是对"滕州马铃薯"的肯定，更是对滕州市马铃薯产业发展模式的支持。

作为全国农业建设与试点市、国家现代农业示范区和国家农村改革试验区，为加快发展马铃薯这个支柱产业，滕州市农业广播电视学校根据当地农民的学习需要，有针对性地编写了这本新型职业农民培育教材，进一步丰富了新型职业农民培育教育培训资源。在此，真诚地希望广大农民朋友能够充分利用这本教材，努力学习科学技术，为滕州市乃至全国农业的发展作出新的贡献。

山东省农业广播电视学校副校长　姜家献

2014 年 3 月

目　录

第一章

概　述

第一节　马铃薯的起源和传播

马铃薯（*Solanum tuberosum*）是世界广泛种植的重要农作物，因其形状像系在马身上的铃铛而得名。世界各国的人们给马铃薯取了许多有趣的名字。例如，西班牙人称"巴巴"，爱尔兰人称"麻薯"，法国人称"地下苹果"，意大利人称"地果"，德国人称"地梨"，比利时人称"巴达诺"，芬兰人称"达尔多"，斯拉夫人称"地薯"或"卡福尔"。马铃薯在我国的传播过程中，不同地区的人们根据当地方言、来源、引进途径、引进时间、形状、用途等给予了不同的称谓，如荷兰薯、爪哇薯、爱尔兰薯、土卵、地蛋、番芋、番人芋、洋山芋、红毛薯、黄独、鬼慈菇等20多种。其中，最为常用的名称为土豆（东北和华北地区）、山药蛋（西北地区）和洋芋（西南和西北地区）。

根据科学考证，马铃薯有两个起源中心：栽培种主要分布在南美洲哥伦比亚、秘鲁和玻利维亚的安第斯山区及乌拉圭等地，其起源中心以秘鲁和玻利维亚交界处的"的的喀喀"湖盆地为主；野生种的起源中心则分布在美国南部、墨西哥、中美洲以及几乎整个南美洲，全世界约有156个野生种。

马铃薯由野生逐渐向栽培植物进化与人类活动关系密切，1551年西班牙人首先将马铃薯块茎带回本国，但直至1750年马铃薯才被引进并在南部种植。1588—1593年，马铃薯被引种到英格兰，而后传遍欧洲。1765年，俄罗斯因饥荒、粮食匮乏开始大面积种植马铃薯，并逐步建立了马铃薯种质资源库以及比较完整的育种体系。北美洲大陆在1762年首次通过百慕大从英格兰引进马铃薯在弗吉尼亚种植，1718年爱尔兰向北美洲移民又将马铃薯带到美国。马铃薯由海路传入亚洲和大洋洲，据说有3条路线：一是在16世纪末和17世纪初由荷兰人把马铃薯传入新加坡、日本和中国台湾；二是17世纪中期西班牙人将马铃薯传到印度河爪哇等地；三是1679年法国探险者把马铃薯带到新西兰。此外，英国传教士于18世纪把马铃薯引种至澳大利亚。

根据我国科学家对资料的考证认为，马铃薯最早传入我国是在明朝万历年间（1573—1619年），到18世纪中叶京津地区已广泛种植。1848年吴其濬的《植物名实图考》，第一次载有马铃薯的素描图，并纪录了不同花色、不同叶形的马铃薯，表明19世纪前期，我国的云南、贵州、山西、陕西、甘肃等省已有大面积种植，并有相当的产量。19世纪中期至20世纪40年代，随着口岸开放，马铃薯的传入和引进途径不断扩大，全国马铃薯种植有了较大面积的发展。

第二节　马铃薯的营养价值与用途

欧美一些国家食用马铃薯与面包并重，有的还当成保健食品。美国农业部门评价马铃薯：每顿只吃全脂奶粉和马铃薯，即可得到人体所需的一切营养素；早期荷兰人把马铃薯奉为上帝赐给人类最好的礼物；爱尔兰人则视马铃薯与婚姻一样至高无上。马铃薯可被食用的部分是块茎，其营养十分丰富，含有碳水化合物、蛋白质、纤维素、脂肪、多种维生素和无机盐，具有很高的营养价值。

一、块茎富含淀粉和糖类

淀粉是马铃薯最主要的营养成分，占块茎鲜重的 10% ~ 20%，以支链淀粉为主。我国现有栽培品种中，淀粉平均含量为 15% 左右，淀粉占块茎干重的 60% ~ 80%，一般为 65%。刚收获的块茎含糖量低，在贮藏过程中，特别是在低温贮藏过程中葡萄糖、果糖、蔗糖等含量会逐渐增多。

二、块茎蛋白质价值高

马铃薯的蛋白质容易消化吸收，品质相当于鸡蛋的蛋白质，具有较高的生物学价值。马铃薯的新鲜块茎中含有 2% 左右的蛋白质，其氨基酸组成齐全，包括人体和动物不能合成的 8 种必需氨基酸。其中，天门冬酰胺和谷酰胺含量很高，占非蛋白氮总量的 50% ~ 60%。

三、块茎含有多种维生素和无机盐

马铃薯的营养价值还表现在维生素含量丰富，特别是维生素 C，其含量为 7 ~ 30mg/100g 鲜薯。块茎中还包括维生素 A（胡萝卜素）、维生素 B_1（硫胺素）、维生素 B_2（核黄素）、维生素 PP（烟酸）、维生素 E（生育酚）、维生素 B_6（吡哆素）、维生素 B_{12}（钴胺素）、维生素 H、维生素 K 等对人体健康有益的重要物质。此外，钙、磷、铁、钾、钠、锌、锰等无机盐含量较高，占干物质的 0.8% ~ 1.5%。

马铃薯的用途很广。一是粮菜兼用的食物；二可作畜禽饲料；三可做工业原料，可以制造淀粉、糊精（工业上用的一种胶合剂）、葡萄糖和酒精等。所以，俄罗斯人称马铃薯是"全能作物"。

第三节 我国马铃薯的种植分布与市场潜力

一、我国马铃薯主要的种植分布

根据马铃薯生育规律、品种特性和生态条件，我国马铃薯可划分为 4 个种植区，如下图。

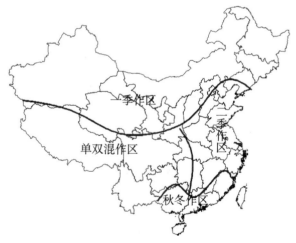

图 1-1 我国马铃薯的 4 个主要栽培区

（一）北方一季作区

无霜期短，基本上一年一作马铃薯，春播秋收。多选用中熟或中晚熟品种，该地区昼夜温差大，生产的马铃薯淀粉含量高，适合生产种薯及加工用薯。

本区包括东北地区的黑龙江省、吉林省及辽宁省的大部（辽东半岛除外）；华北地区的河北省北部，山西省北部，内蒙古自治区（全书称内蒙古）全部及西北地区的陕西省北部，宁夏回族自治区（全书称宁夏）全区，甘肃省、青海省东部以及新疆维吾尔自治区（全书称新疆）天山以北的地方，这是我国马铃薯的主要产区，栽培面积大而集中，约占全国马铃薯面积的50%。而黑龙江、内蒙古、甘肃、青海等省区是我国重要的种薯基地。

（二）中原二季作区

无霜期较长，夏季温度高，不利于马铃薯生长，故形成春、秋二季栽培马铃薯，多选用早熟、中早熟品种，精耕细作，由于生育期短，淀粉含量低，适合生产鲜食商品薯，产品适宜出口。本区包括辽宁、河北、山西、陕西4省的南部，湖北、湖南两省的东部和河南、山东、江苏、浙江、安徽、江西等省。马铃薯在本区分布比较分散。

（三）南方秋冬作区

无霜期长，夏长冬暖，多为水稻产区，水稻收获后，利用冬季休闲地，露地种植。近年来，种植面积增长较快。本区包括广西、广东、福建、中国台湾等省区。

（四）西南单双季混作区

多高山，地形复杂，形成了多变的气候环境，高寒山区适于一年一季，低山河谷地区适于双季栽培，种植水平、产量、商品率均较低。本区包括云南、贵州两省，川西高原及湖南、湖北两省的西部山区。

二、我国马铃薯的市场潜力

我国是世界马铃薯生产大国，常年种植面积近433万 hm^2，约占世界马铃薯种植面积的1/4，年产量约5 630万t，居世界前列。但是由于没有现代化的贮藏设备和科学的储藏方法，每年因此而损失的马铃薯是其产量的15%~20%，其余80%~85%也基本用于鲜食或加工粉丝、粉条及淀粉，马铃薯的营养价值没有得到充分发挥和利用，其综合经济效益受到了极大的限制。

马铃薯加工后，一般可增值6~10倍，北京超市出售的美国速冻薯条的价格是每千克12元，而中国1999年进口达到5万t，进口用外汇近5 000万美元。如果我们把5 000万t马铃薯，将其中的50%用于深加工，平均每吨从1 000元升值到5 000元，增值达1 000亿元。如此大的增值，意味着马铃薯产业化，不仅对增加农民收入有重大意义，也会给国家带来巨大的经济效益。

第四节 滕州马铃薯的种植历史与发展

一、滕州马铃薯的种植历史与现状

滕州市位于山东省南部，东依沂蒙山区，西濒微山湖，地处苏、鲁、豫、皖交界的黄淮海经济区中心，是鲁南地区著名的商品集散地，土地总面积1 485 km^2，耕地总面积7.5万 hm^2，总人口170万，其中，农业人口117万，农业生产条件良好，素有"鲁南粮仓"之称。滕州市属暖温带季风型大陆性气候，四季分明，雨热同季，光、热、降水等资源比较丰富，年均气温 13.5℃，年均降水量 780mm，无霜期 190～210 天，日平均气温 ≥10℃ 的时间可持续 213 天，积温 4 533℃，春、夏、秋光热资源特别适宜马铃薯生产。因此，马铃薯生产作为滕州市的支柱产业发展迅速，滕州市目前已发展成远近闻名的马铃薯脱毒种薯和商品薯的集散中心，商品薯销往日本、韩国、新加坡等东南亚国家和地区。

滕州市马铃薯种植历史较久，群众种植经验丰富。1950 年前后，滕州市马铃薯零星种植，种植面积约 667hm^2。20 世纪 50 年代后期，滕州市马铃薯种植得到较大发展。据《中国马铃薯栽培学》记载，1975 年滕州马铃薯种植面积达 0.79 万 hm^2（11.85 万亩），同年，中国农林部在滕州市召开第一次全国马铃薯科研协作会议，推广薯粮、薯棉套种技术。据《枣庄科技》记载，1978 年龙阳镇南王庄村 0.5hm^2 马铃薯创双季单产 5 769kg/亩（春季 3 587.5kg/亩，秋季 2 187.5kg/亩）的高产纪录。1985 年，滕州市开始引进脱毒苗和微型薯进行试验研究，形成从东北调种为主、阳畦保种和秋繁为辅的良种供应格局。1991 年起，开始进行拱棚栽培马铃薯，并逐步扩展到全市。2000 年，滕州市被农业部命名为"中国马铃薯之乡"，2001 年有 2 000hm^2 "金曙王"牌（30 万亩）马铃薯通过绿色食品认证。2002 年，马铃薯栽培面积达到 2.7 万 hm^2（41 万亩），2003 年全市种植面积达 3 万 hm^2，其中，设施栽培面积达 2 万 hm^2。经过多年努力，滕州市在马铃薯种薯保存、脱毒种薯繁育、科学施肥和设施栽培等方面取得较大进展，特别是春季设施栽培技术迅速推广，大大提高了马铃薯生产的效益，使马铃薯成为滕州市农业拳头产品。适宜的土质、优质的水源、良好的产地环境使滕州市马铃薯产品具有外观性状好、内部品质优的特点，早熟、丰产性好，薯形椭圆，黄皮黄肉，芽眼浅，口感清脆、爽口，鲜食性佳，深受国内及东南亚国家和地区消费者的喜爱。

目前，滕州市马铃薯栽培形成了以三膜覆盖为主的设施保护栽培体系，上市时间比露地栽培早 40 ～ 50 天，填补了国内马铃薯市场的空档，延长了上市期，市场价格高、经济效益好。

二、滕州市马铃薯的发展与特点

近年来，滕州市努力把"小土豆"做成"大产业"，强化引导扶持，提升产业水平，积极打造全国菜用马铃薯行业的风向标。滕州市马铃薯种植主要有以下 4 个特点。

（一）拱棚科技早上市

不断探索和推广马铃薯间套栽培模式，形成了地膜覆盖、双膜拱棚、三膜拱棚等多种栽培方式。马铃薯多膜覆盖栽培技术属全国首创，拱棚马铃薯达到 35 万亩，于 4 月中下旬上市，比露地栽培提前 45 天上市，抢占了市场先机。

滕州市投资 2000 万元建成马铃薯组培中心。2 500m^2 的组培大楼、20 000m^2 的现代化智能温室，配置各种仪器 300 余台。一流的设施、先进的设备、雄厚的技术力量，具备了大批量生产脱毒原种的条件，年生产马铃薯脱毒试管苗 900 万株，原种 2 000 万粒。在内蒙古自治区和黑龙江省建成 4 万亩脱毒马铃薯种薯扩繁基地，有力地推进了良种产业化进程，马铃薯脱毒良种普及率达到 100%。

建立农技指导进村入户的长效机制，农业科技推广、农业信息服务和重大植物疫病防控等服务能力不断提高。《中原二季作区马铃薯有害生物可持续治理技术研究与示范推广项目》获山东省科技进步三等奖。国家马铃薯产业技术体系专家金黎平博士、孙慧生研究员、陈伊里教授等知名专家多次来滕指导，组装完善了春薯催芽、异地繁种、脱毒快繁、设施栽培、合理密植、测土配方施肥、病虫害综合防治等高产栽培技术体系。打造了全国菜用马铃薯新品种新技术集成应用、高产高效的擂台。马铃薯万亩高产创建示范片平均亩产 4 484kg，最高亩产达到 5 957kg，创全国纪录。

（二）规模品牌占市场

加快推进"一镇一业"、"一村一品"特色化进程，全市发展马铃薯专业镇 4 个，专业村 285 个。滕州市已成为马铃薯二季作区种植面积最大、单产最高、效益最好的县（市），春秋两季种植 65 万亩（15 亩 = 1hm^2。全书同），总产 200 万 t，约占山东省种植面积的1/4、总产量的1/3、出口量的1/2；马铃薯生产机械化率达 85%，劳动效率大提高。多种栽培方式并存，辅助以马铃薯冷藏保鲜，春马铃薯销售时间从 4 月中下旬持续到 6 月中下旬，避免集中上市，稳定价格，增加效益。马铃薯销售区域达 20 多个省份，既可南下，又可北上，也可东出、西进。"滕州马铃薯"外型美观、皮薄光滑，黄皮黄肉，质优味美，营养丰富，先后获国家地理标志认证、地理标志证明商标，首届中国农产品公用品牌价值百强（品牌价值 23.67 亿元），消费者最喜爱的 100 个中国农产品区域公用品牌，上海世博会指定用品。"滕州马铃薯"在农业部优质农产品开发服务中心组织开展的"2011 年中国著名农产品区域公用品牌调查"活动中，经过全国消费者网络投票，被评选为"2011 消费者最喜爱的中国农产品区域公用品牌"，成为全国唯一入选的马铃薯区域公用品牌。2012 年，"滕州马铃薯"获"最具影响力中国农产品区域公用品牌"，跻身全国百强之列。2013 年，在年度中国地理标志发展报告，滕州市马铃薯首次入选"中国 100 大地理标志"，位列 60 位，并进入家乐福等大型超市，成为畅销国内外市场的知名品牌。

（三）标准监管保安全

滕州市马铃薯标准化技术规程，已成为山东省地方标准。滕州市建成全国绿色食品原料标准化生产基地 20 万亩，出口企业加工备案点 25 个，备案基地 7 万亩。加强农产品质量监管的责任、执法、检测、监控、农资配送五大体系建设，确保马铃薯质量安全，提高市场竞争力。组建市、镇、村三级农产品质量安全执法队伍，突出源头监管，禁用高毒高残留农药，推广应用生物农药，实行测土配方施肥。建成市农产品质量检测中心和 35 个检测站，实行农产品质量安全信息发布制度，及时发布检测结果。

（四）节会促销惠民生

全市每年有 100 万 t 马铃薯销往上海、深圳、西安等 30 多个大中城市，并远销香港、日本及东南亚等国家和地区。全市农贸市场 168 处，形成了滕州农产品物流中心为龙头，专业批发市场、产地批发市场为依托的市场体系。全市建有恒温库 100 座，库存能力达到 20 万 t。马铃薯中介运销组织发展迅速，从业人员 1 万多人，形成了"市场 + 运销队伍 + 基地"的产销模式。连续举办 4 届中国（滕州）马铃薯节，诚邀外地客商、知名专家、新闻媒体，通过参观高产现场、举办产业发展论坛、马铃薯订货会、薯王大赛、厨艺大赛、优势农产品展览等系列活动，叫响"滕州马铃薯"的品牌，促进了马铃薯销售，广大农民实现了"亩产万斤薯、千斤粮，收入过万元"的目标，马铃薯种植已成为滕州农民增收致富的特色产业。滕州市正在成为全国春季马铃薯物流、价格、信息中心，滕州市马铃薯成为全国菜用马铃薯行业的风向标。

第二章

马铃薯的生物学特性

第一节　马铃薯的植物学特性

马铃薯是茄科（*Solanaceae*）茄属（*Solanum*）的草本植物。生产应用的品种都属于茄属结块茎的种（*Solanum tuberosum* L.），染色体数 $2n = 2x = 48$。市场上多用块茎繁殖，也称多年生植物。

一、根

根分直根系—种子繁殖所发生的根，有主侧根之分。须根系—块茎繁殖所发生的根，为不定根，无主侧根之分。

须根系根据其发生的时期、部位，分布状况可分为两类：

不定根：在初生芽的基部 3 ~ 4 节上发生的不定根，称为芽眼根或节根，这是发芽早期发生的根系，分枝能力强，分布宽度 30cm 左右，深度可达 150 ~ 200cm，是马铃薯的主体根系。

匍匐根：在地下茎的上部各节上陆续发生的不定根，称为匍匐根，一般每节上发生 3 ~ 6 条，分枝能力较弱，长度较短，一般为 10 ~ 20 厘米，分布在表土层，生育后期培土有利此类根系生长。匍匐根对磷素有较强的吸收能力（图 2 - 1）。

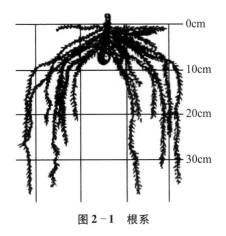

图 2 - 1　根系

二、茎

马铃薯的茎包括地上茎、地下茎、匍匐茎和块茎，都是同源器官，但形态和功能却各不相同。

(一) 地上茎

由块茎芽眼萌发的幼芽发育形成的地上枝条（简称茎）。

特点：

（1）栽培种大多直立，有些品种在生育后期略带蔓性或倾斜生长。

（2）茎是多汁的，成年植株的茎，节部坚实而节间中空，但有些品种和实生苗的茎部节间为髓所充满，而只有下部多为中空的。

（3）茎具有分枝的特性，因品种不同，分枝形成的早晚、多少、部位和形态也不相同，一般早熟品种茎秆较矮，分枝发生得晚，而中晚熟品种，大多数茎秆粗壮，分枝发生得早而多，并以基部分枝为主。

（4）茎的再生能力很强，在适宜的条件下，每一茎节都可发生不定根，每节的腋芽都能形成一棵新的植株。

茎的高度和株丛繁茂程度，因品种而异，也受栽培条件的影响。多数品种茎高为 30～100cm。茎节长度也因品种而异，一般早熟品种较中晚熟品种为短，但在密度过大、肥水过多时，茎就变得高大细弱，节间显著伸长，后期容易倒伏。

（二）地下茎

马铃薯的地下茎，即主茎的地下结薯部位。表皮为木栓化的周皮所代替。皮孔大而稀，无色素层。从地表向下至母薯，由粗逐渐变细。地下茎的长度因品种、播种深度和生育期培土高度而异，一般为 10cm 左右。节数多数品种为 8 节，个别品种也有 6 节，在播种深度和培土高度增加时，可略有增加。在地下茎每节的叶腋间，通常发生匍匐茎 1～3 个，在发生匍匐茎前，每个节上已生长出放射状匍匐根 3～6 条。

（三）匍匐茎

匍匐茎是由地下茎节上的腋芽发育而成，顶端膨大形成块茎。一般为白色，因品种不同，也有呈紫红色的。匍匐茎发生后，略呈水平方向生长，其顶端呈钥匙形的弯曲状，茎尖在弯曲的内侧，在匍匐茎伸长时，起保护作用。匍匐茎数目的多少，因品种而异，一般每个地下茎上能发生 4～8 条，每株（穴）可形成 20～30 条，多者可达 50 条以上。通常匍匐茎多形成块茎数也多，但不是所有的匍匐茎都能形成块茎。

北方地区，匍匐茎一般在出苗后 7～10 天开始发生，发生后 10～15 天便停止生长，顶端开始膨大形成块茎。经催芽处理的种薯，往往在出苗前即发生匍匐茎。

匍匐茎具有向地性和背光性，入土不深，大部集中在地表 0～10cm 土层内；匍匐茎长度一般为 3～10cm，野生种可长达 1～3m。

匍匐茎比地上茎细弱得多，但具有地上茎的一切特性，担负着输送大量营养和水分的功能，在其节上能形成纤细的不定根和 2～3 次匍匐茎（图 2-2）。

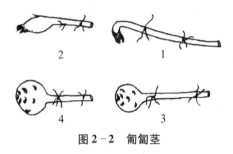

图 2-2　匍匐茎

1. 匍匐茎伸长　2. 匍匐茎顶端开始膨大
3. 块茎形成　4. 块茎开始增长

（四）块茎

马铃薯的块茎，是一缩短而肥大的变态茎，既是经济产品器官，又是繁殖器官。当匍匐茎顶端停止极性生长后，由于皮层、髓部及韧皮部的薄壁细胞的分生和扩大，并积累大量淀粉，从而使匍匐茎顶端膨大形成块茎。

块茎具有地上茎的各种特征：

（1）在块茎生长初期，其表面各节上都有鳞片状退化小叶，无叶绿素，呈黄白或白色，至块茎稍大后，鳞片状退化小叶凋萎脱落，残留的叶痕呈新月状，称为芽眉。芽眉内侧表面向内凹陷成为芽眼。芽眼的深浅，因品种和栽培条件而异，芽眼过深是一种不良性状。每个芽眼内有 3 个或 3 个以上未伸长的芽，中央较突出的为主芽，其余的为侧芽（或副芽），发芽时主芽先萌发，侧芽一般呈休眠状态（图2-3）。

（2）芽眼在块茎上呈螺旋状排列，顶部密，基部稀。块茎最顶端的一个芽眼较大，内含芽较多，称为顶芽。在块茎萌芽时，顶芽最先萌发，而且幼芽生长快而壮，从顶芽向下的各芽眼，依次萌发，其发芽势逐渐减溺（图2-4）。

（3）块茎的大小决定于品种特性和生长条件，一般每块重50~250g，大块可达1 500g以上。块茎的形状因品种而异，但栽培环境和气候条件，使块茎形状产生一定变异。块茎形状大致分为3种主要类型，即圆形、长筒形、椭圆形。在正常情况下，每一品种的成熟块茎，都具有固定的形状，是鉴别品种的重要依据之一。

（4）马铃薯块茎的皮色有黄、白，紫、淡红、深红、玫瑰红，淡蓝、深蓝等色。块茎的肉色有白、黄、红，紫，蓝及色素分布不均匀等；食用品种以黄肉和白肉者为多。一般品种的块茎都具有固定的皮色与肉色。

（5）块茎表皮光滑，粗糙或有网纹，其上分布有皮孔（皮目），有与外界交换气体和蒸散水分的功能，在湿度过高的情况下，由于细胞增生，使皮孔张开，表面形成突起的小疙瘩，既影响商品价值，又易被病菌侵入（图2-5）。

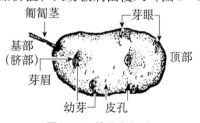

图2-3　块茎各部分

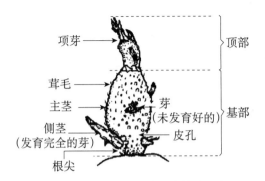

图2-4 块茎上长出的正常芽的组成

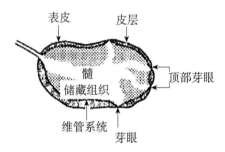

图2-5 块茎内部的详细组成

马铃薯的地上茎、匍匐茎、块茎都有分枝的能力。不同品种的马铃薯分枝多少和早晚不一样，一般早熟品种分枝晚，分枝数少，而且大多是上部分枝；晚熟品种分枝早，分枝数量多，多为下部分枝。地下茎的分枝，在地下的环境中形成了匍匐茎，其尖端膨大就长成了块茎。匍匐茎的节上有时也长出分枝，只不过它尖端结的块茎不如原匍匐茎结的块茎大，在生长过程中，如果遇到特殊情况，它的分枝就形成了畸形的块茎。上年收获的块茎，在下年种植时，从芽眼长出新植株，这也是由茎分枝的特性所决定的。如果没有这一特性，利用块茎进行无性繁殖就不可能了。另外，地上的分枝也能长成块茎。当地下茎的输导组织（筛管）受到破坏时，叶子制造的有机营养向下输送受到阻碍，就会把营养贮存在地上茎基部的小分枝里，逐渐膨大成为小块茎，呈绿色，一般是几个或十几个堆簇在一起，这种小块茎叫气生薯，不能食用。

三、叶

1. 单叶

马铃薯无论用种子或块茎繁殖时，最初生长的几片初生叶均为单叶。

2. 复叶

随着植株的生长，逐渐长出奇数羽状复叶。复叶互生，呈螺旋排列，叶序为2/5、3/8 或 5/13。每个复叶由顶生小叶和3～7 对侧生小叶，侧生小叶之间的小裂叶，侧生小叶叶柄上的小细叶和复叶叶柄基部的托叶构成。顶生小叶叶形略大，形状和侧生小叶的对数，是品种的特征之一（图2－6）。

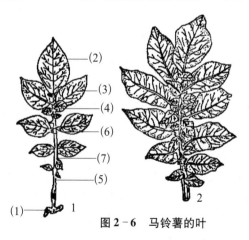

图2－6　马铃薯的叶

1. 疏散型；　　2. 紧密型

(1) 托叶 (2) 顶小叶 (3) 侧小叶 (4) 小裂叶 (5) 复叶叶柄 (6) 小细叶 (7) 众肋

四、花

马铃薯为自花授粉作物。花序为聚伞花序。花柄细长，着生在叶腋或叶枝上。每个花序有 2～5 个分枝，每个分枝上有 4～8 朵花，在花柄的中上部，有一突起的离层环，称为花柄节。花冠合瓣，基部合生成管状，顶端五裂，并有星形色轮。花冠有白、浅红、紫红及蓝色等，雄蕊 5 枚，雌蕊 1 枚。子房上位，由两个连生心皮构成，中轴胎座，胚珠多枚（图 2 - 7、图 2 - 8、图 2 - 9）。

图 2 - 7　马铃薯的花

A 花序；　B 花的构造

1. 柱头　2. 花柱　3. 花药　4. 花丝　5. 花瓣　6. 花萼　7. 花柄　8. 花柄节

图 2 - 8　顶芽和花絮

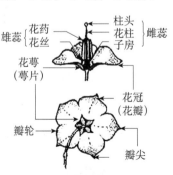

图 2 - 9　花的详细构造

五、果实与种子

1. 果实

果实为浆果，呈圆形或椭圆形，果皮为绿色、褐色或紫绿色。果实内含 100～250 粒种子。

2. 种子

种子很小，呈扁平卵圆形，淡黄或暗灰色，千粒重为 0.4～0.6g。刚收获的种子，一般有 6 个月左右的休眠期，充分成熟或经日晒的浆果，其种子休眠期可缩短。当年采收的种子发芽率一般为 50%～60%，经过贮藏一年的种子发芽率较高，一般可达90%以上。通常在干燥低温下贮藏 7～8 年，仍不失发芽力（图2-10）。

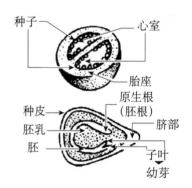

图2-10　果实（上）和种子（下）的剖面图

第二节　马铃薯生长发育的5个时期

一、发芽期

播种到出齐苗，称发芽期。本期生长，主要靠种薯内部的营养，一般需 25～30 天。首先，发芽阶段叶片的分化全部完成，该期器官的建成以根系形成为中心，伴随幼芽的生长、叶和花原基分化。在发芽过程中，一般不需从外界吸收水分和养分。北方旱作区影响幼苗和根系生长的主要因素是温度和土壤水分。适宜的温度和土壤水分范围发芽、生根、出苗较快。其次，种薯质量与栽培措施对发芽出苗有很大影响。幼嫩小整薯、脱毒薯，出苗整齐，幼苗健壮。提早催芽、出苗快而齐。深播浅覆土，地温高，通气好，出苗快。

二、幼苗期

从出苗到孕蕾，为马铃薯幼苗期。出苗后经 5～6 天便有 4～6 片叶展开。整个幼苗期根系继续向深广发展，出苗 7～10 天，幼苗主茎地下各节上的匍匐茎就开始自下而上陆续发生。出苗后 15 天，地下各茎节上的匍匐茎均已形成，并开始横向生长。栽培良好，匍匐茎增多结薯也增多。若环境不利，则可能负向地生长，冒出地面，抽出新叶变成普通的侧枝。

幼苗期是以茎叶生长和根系发育为中心，同时，伴随着匍匐茎的形成和伸长，块茎尚未形成。该期茎叶鲜重占最大鲜重的 5%～10%，茎叶干重占全生育期总干物重的 2%～5%，当主茎生长点开始孕蕾，匍匐茎顶端停止极性生长并开始膨大，标志着幼苗期结束，块茎形成期开始。这段时期需 15～25 天。

幼苗期是承上启下的生育时期，是将来结薯的基础。营养的主要来源靠种薯继续供给和进行光合作用制造，对肥水十分敏感，氮素不足严重影响茎叶生长和产量的形成，缺磷、干旱会影响根系的发育和匍匐茎的形成。播种同时，使用速效氮、磷肥做种肥，具有明显的增产效果。

三、块茎形成期

从匍匐茎停止极向生长，顶端开始膨大，到茎叶干物重和块茎干物重平衡期（即开花初期）止，为块茎形成期。本期的生长中心是块茎的形成，每个单株上所有的块茎，基本上都是在这一时期形成的，因此，是决定块茎数目多少的关键时期，一般需 20～30 天。

块茎形成期的特点是：单纯营养生长转到营养、生殖生长同时进行，地上部茎叶生长和块茎生长同时进行阶段。在这一时期，营养物质需要量急剧增加，根系吸收能力增强，叶面积迅速增大，光合功能旺盛，光合作用制造的有机物质向地下转移量开始增加。

马铃薯结薯部位一般 8～10 节，每节能形成 1～3 个匍匐茎，中部偏下节位形成块茎较早。由于着生部位的营养、土壤温湿度等条件不同，到后期生长势有很大差异。通常上部地温高，湿度小；下部通气条件差、地温往往较低，均不适宜块茎膨大生长。中部节位各种条件较适宜，所以，块茎形成早、生长迅速，最后获得较大块茎。地温 16～18℃对块茎的形成最为有利，超过 25℃块茎生长几乎停止，但茎叶仍能够正常生长，这时有机营养全部用于匍匐茎和茎叶生长，从而造成茎叶徒长和匍匐茎穿出地面形成地上枝条，多水肥条件下，这种现象更为明显。土温上升到 29℃时，光合作用减弱，茎叶生长也严重受阻，叶片皱缩甚至灼伤死亡，产量显著降低。

马铃薯结薯是由不同的内外环境因素所控制的，环境因素：温度，低温下，结薯较早，尤其在夜温低的情况下可以获得较高的块茎产量，夜温高则不能结薯。光照，长日照，弱光结薯迟。内源激素：赤霉素含量高会阻止干物质的形成和分配，因而限制了结薯。细胞分裂素的高含量则可能是结薯刺激物的一个必要成分。该期保证充足的水肥供应，及时中耕培土，防止氮素过多。通过播期及其他栽培技术调节温度和日照，是争取丰产的重要关键。

四、块茎增长期

马铃薯块茎增长期基本上与开花盛期相一致，块茎直径达 3cm，地上部进入盛花期标志。该期是以块茎的体积和重量增长为中心的时期，是决定块茎大小的关键时期。条件适宜每穴块茎每天可增重 40g 以上。地上部生长也极为迅速，平均每天生长 2~3cm，单株茎叶鲜重日增量可达 15~40g 以上。叶面积和茎叶鲜重达到一生最大值。该期一般持续 15~20 天。

茎叶鲜重与块茎鲜重相等时，称为茎叶与块茎鲜重平衡期，标志着块茎增长期的结束，淀粉积累期开始。鲜重平衡期出现的早晚，与品种与栽培技术有密切关系，平衡期过早过迟，使地上、地下生长失调，造成减产和降低品质。维持平衡期延续时间越长，产量越高，该期形成的干物质约占全生育期干物质总量的 75% 以上，也是一生中需水需肥最多的时期。如遇高温高旱会严重影响块茎的干物质增长，致使块茎老化，薯块畸形变小。如遇地温降低，极易形成子薯，致使品质降低。因此，本期注意防旱、安排播期，使块茎增长期处于雨季，是获得丰产优质的关键。

五、成熟期

1. 淀粉积累期

鲜重平衡期以后，开花结实接近结束，茎叶开始衰老变黄，便进入了淀粉积累期。该期块茎体积基本不再增大，但重量继续增加，干物质由地上部迅速向块茎中转移积累，是以淀粉积累为中心的时期，块茎中蛋白质和灰分元素也同时增加，糖分和纤维素则逐渐减少。淀粉积累可以一直延续到茎叶全部枯死之前，该期一般 20~25 天。

该期要防止茎叶早衰。尽量延长叶绿体的寿命，增加光合作用和物质运转的时间。这个时期光合作用强度非常微弱，主要的生理过程是物质转移。要做好防霜工作，防止后期干旱和水分及氮素过多，影响有机物质的运转和贪青晚熟。

2. 成熟收获期

当全部茎叶枯死之后，块茎即达充分成熟，应及时收获，否则会因块茎呼吸消耗而造成损失或低温受冻影响品质和耐贮性。（图 2-11）

发芽期　　幼苗期　　块茎形成期　　块茎膨大期　　成熟期

图 2-11　马铃薯生长发育的 5 个时期

第三节 马铃薯生长的外界环境条件

一、生态环境条件

（一）土壤条件

马铃薯要求肥沃、疏松、透气良好，适宜块茎生长膨大的砂质土壤。砂性土壤保肥力差，应多施有机肥；黏性土壤保肥力强，但透气性差，薯块发育不良，易产生畸形薯，薯皮粗糙，质量差，且容易腐烂。马铃薯生长适宜微酸性土壤。

（二）温度条件

马铃薯的喜凉特性：马铃薯原产于南美洲安第斯山高山区，年平均气温为 5~10℃，最高月平均气温为 21℃左右，所以，马铃薯植株和块茎在生物学上，就形成了只有在冷凉气候条件下才能很好生长的自然特性。特别是在结薯期，叶片中的光合产物，只有在夜间温度低的情况下才能积累输送到块茎中，因此，马铃薯非常适合在高寒、冷凉的地带种植。我国马铃薯的主产区大多分布在东北、华北北部、西北和西南高山区。虽然经人工驯化、培养，选育出早熟、中熟、晚熟等不同生育期的马铃薯品种，但在南方气温较高的地方，仍然要选择气温适宜的季节种植马铃薯，以获得较好的经济效益。

马铃薯通过休眠后，当温度达到 5℃时开始发芽，但极为缓慢，幼芽生长适宜温度为 13~18℃；茎的伸长以 18℃最适宜，6~9℃极为缓慢，茎叶生长最适宜温度为 16~21℃，温度超过 25℃，茎叶生长缓慢，超过 29℃或降至 7℃以下茎停止生长。最适宜块茎生长的土温为 15~18℃，夜间较低的气温比土温对块茎形成更为重要，植株处在土温 18～20℃ 的情况下，夜间气温 12℃ 能形成块茎，夜间气温 23℃ 则无块茎。

（三）水分条件

马铃薯在不同生长时期对水分要求不同，发芽期芽条仅凭块茎内贮备的水分便能正常生长。待芽长出，根系须从土壤中吸收水分后才能正常出苗，此期土壤相对含水量 50%～60% 为宜；幼苗期适宜的土壤相对含水量为 60%～70%，低于 40% 茎叶生长不良；发棵期为 70%～80%；结薯期前期应及时供给水分，保持土壤见干见湿，最适宜的土壤相对含水量为 80% 左右，以后逐渐降低含水量；收获时土壤相对含水量降至 50% 左右。

（四）光照条件

马铃薯是喜光作物。种植过密则相互遮荫，光照不足，影响光合作用，造成减产。长日照对茎叶生长和开花有利；短日照有利于养分积累和茎块膨大。一般短日照比长日照使茎的伸长停止较早，块茎发生较早，故秋马铃薯植株较矮，结薯期较早。

光对薯块的幼芽有抑制作用，过暗则幼芽又细又长。所以，块茎在散射光条件下长出的幼芽粗壮发绿，晾芽是一条很重要的增产措施，也是在催芽中应注意的一个重要环节。

（五）气候条件

利于马铃薯生长发育获得高产的优良气候条件如下。

幼苗期短日照、强光和适当高温，有利于发根、壮苗和提早结薯；发棵期长日照、强光和适当高温，有利于建立强大同化系统；结薯期短日照、强光和较大昼夜温差，有利于同化产物向块茎运转，促使块茎高产。利用拱棚设施条件进行保护地栽培，可使春马铃薯提早播种、秋马铃薯延迟收获。马铃薯生长发育处在短日照、强光条件下，可延长马铃薯有效生长期，利于块茎的形成和膨大，这是拱棚马铃薯高产的基础。滕州市四季分明，光、热资源极为丰富，雨热同季，春、秋两季雨水偏少，光照条件好，利于马铃薯高产栽培。同时，当地农田水利条件优越，发展春、秋马铃薯得天独厚，是成为我国重要的马铃薯生产基地的基础。

二、矿质营养条件

马铃薯是高产作物，需要肥料也较多。一般每生产1 000kg马铃薯块茎约需氮5kg、磷2kg、钾11kg，三要素中马铃薯需钾最多，其次是氮，磷肥最少。此外，马铃薯还需钙、镁、硫、锌、钼、硼等微量元素。虽然需要量较少，缺少这些元素也可引起病症，影响块茎形成膨大，产量降低，品质下降（图2－12）。

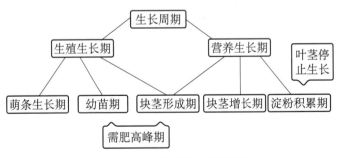

图2－12 马铃薯的生长周期

1. 氮

氮能使马铃薯茎叶生长繁茂，同化面积增大，净光合生产率提高，加速有机物质积累，提高块茎产量。低温多雨年份，缺乏有机质或酸性过强的土壤，容易发生缺氮现象。植株缺氮，生长缓慢，茎秆细弱矮小，首先从植株基部叶片逐渐呈淡绿色至黄色向顶部叶片扩展，叶片变小而薄。严重缺氮，植株生长后期，基部老叶全部呈淡黄色或黄白色，只留顶部很少叶片。马铃薯高产栽培应根据土壤类型，增施有机肥，合理施用氮肥。

2. 磷

磷能促进植株体内各种物质的转化，增加块茎干物质和淀粉积累，提高氮肥的增产效果增强植株的抗旱、抗寒能力。酸性、黏重和沙质土壤容易缺磷。生育初期缺磷，植株生长缓慢，矮小或细弱僵立，缺乏弹性，分枝减少，叶片变小而细长，向上卷曲，叶色暗绿无光泽；严重缺磷的植株基部叶片叶尖首先褪绿变褐，逐渐向全叶扩展，最后整个叶片枯萎脱落，并由下向上扩展到植株顶部。缺磷还会使根系和匍匐茎数量减少，根系变短，影响产量。为提高马铃薯产量，应重视磷肥施用，在播种时把速效性磷肥施入播种沟内，生育期间如发现缺磷，应及时向叶面喷施 0.1% ~ 0.3% 的过磷酸钙水溶液，每隔 5 天喷 1 次，连喷 2 ~ 3 次。

3. 钾

钾可以加强植株体内的代谢过程，增强光合作用，延迟叶片的衰老进程，促进体内蛋白质、淀粉、纤维素的合成，增强抗寒和抗病性。植株缺钾，生长缓慢，节间变短，植株呈丛生状；小叶叶尖萎缩、叶片向下卷曲、叶表粗糙，叶尖及叶缘首先由绿逐渐变为暗绿、黄色，最后发展至全叶，并呈古铜色。植株缺钾症状最先在基部叶片表现，逐渐向顶部叶片发展。缺钾还会造成匍匐茎缩短，根系发育不良，吸收能力减弱，块茎变小。马铃薯为喜钾作物，生产上应重视施用钾肥。生育期间缺钾，要及时用 0.1% ~ 0.3% 的磷酸二氢钾水溶液进行叶面喷施，每隔 5 ~ 7 天喷洒 1 次，连喷 2 ~ 3 次。

4. 钙

钙是马铃薯生长发育所必须的、构成细胞壁的重要元素，还与细胞膜的形成有关。钙除作为营养供植株吸收利用外，还能中和土壤酸性，促进土壤有效营养的形成，抑制其他元素的毒害作用。当植株缺钙时，分生组织首先受害，细胞壁的形成受阻，从而影响细胞分裂。在植株形态上的表现是，幼叶变小，小叶边缘呈淡绿色；茎节向上缩短，植株顶部呈丛生状。严重缺钙时，叶片、叶柄及茎上都出现杂色斑点，失去经济价值。经贮藏的块茎，有时芽顶端出现褐色坏死，甚至全芽死亡，这也是缺钙现象。土壤缺钙，可土施部分石灰，每公顷用量 450 ~ 750kg，生长期发现缺钙症状时，应立即对叶面喷施 0.3% 的过磷酸钙水溶液，连喷 2 ~ 3 次，每次间隔 5 ~ 7 天。

5. 镁

镁是叶绿素的构成元素之一，因此，它与植株的光合作用密切相关。植株缺镁时首先影响到叶绿素的合成。其症状表现是从基部叶片的小叶边缘开始由绿变黄，而叶脉仍呈绿色。严重缺镁时，叶色由黄变褐，叶片变厚变脆并向上卷曲，最后病叶枯萎脱落。增施镁肥对马铃薯增产效果较好，土壤缺镁时，应沟施硫酸镁或其他含镁肥料（如钙镁磷肥、白云石等），发现植株缺镁时，应及时向叶面喷施 0.5% 的硫酸镁溶液。

6. 硼

硼是一种微量元素，即植株对其需要量很少，但它在植株体内的作用并不比大量元素小。植株缺硼时生长点死亡，节间缩短，叶片变厚且上卷，分枝多，植株呈丛生状。主茎基部有褐色斑点出现。影响光合产物的运转，叶片内淀粉积累明显，类似于卷叶病毒病。根尖顶端萎缩，侧根增多，影响根系向深层伸展，块茎变小，脐端变褐。一般砂质土壤容易缺硼，缺硼土壤，可结合施用基肥每公顷施 7.5kg 的硼砂。

7. 锌

锌是某些酶的组成成分和活化剂，又是吲哚乙酸合成所必需的物质。缺锌时，植株中吲哚乙酸减少，株型和生长异常，植株生长受阻，嫩叶褪绿并上卷，与早期卷叶病毒症状相似。叶片上有褐色、青铜色斑点，尔后变成坏死斑，叶柄和茎上也出现褐色斑点，叶片变薄变脆。锌含量过高，同样表现植株生长发育受阻，上部叶片边缘稍微褪色，下部叶片背面呈现紫色。当土壤缺锌时可结合施用基肥与土杂肥或其他化肥混合，每公顷施入 7.5～11kg 硫酸锌即可，也可分别于幼苗期、发棵期、结薯期叶面喷施一次 0.5% 硫酸锌溶液。

8. 锰

锰能激活三羧酸循环中的某些酶，提高呼吸强度；在光合作用中，水的光解需要有锰参与；锰也是叶绿体的结构成分，缺锰时，叶绿体结构会被破坏解体。缺锰的症状常发生在植株的上部，而下部叶片几乎不受影响。缺锰时叶片脉间失绿，逐渐变黄变白，有时顶部叶片向上卷曲。缺锰严重时，幼叶叶脉出现褐色坏死斑点。锰过剩，茎上产生条斑坏死，最初在茎的基部和叶柄的基部，并逐渐向上发展。当植株出现缺锰症状时，应进行叶面喷施 0.5% 硫酸锰水溶液。

第三章

马铃薯的品种与间作套种

第一节 马铃薯的品种

一、马铃薯的品种简介

马铃薯的品种很多，适宜滕州种植、市场上畅销的鲜食品种有：鲁引一号、费乌瑞它、荷兰十五、荷兰七号。

鲁引一号（费乌瑞它、荷兰七号、荷兰十五）：由山东农科院引进选育。属早熟品种，生育期（从出苗到收获）60～70 天，株型直立，株高 60cm，茎粗，花淡紫色，结薯集中薯块膨大快，个大，长椭圆形，芽眼浅，黄皮黄肉。淀粉含量 12.4%～14.0%，还原糖 0.03%。植株易感晚疫病，不抗环腐病、青枯病。产量高，一般每公顷产 37 500kg（亩产 2 500kg）左右。选土壤肥沃的沙壤土种植，从东北调运种薯每公顷种植 67 500 株（亩种 4 500 株），本地自繁种薯每公顷种植 60 000 株（亩种植 4 000 株）为宜。

二、选购良种应注意的问题

良种是增产内因，是高产的关键。选购马铃薯种薯应注意以下几个问题。

（1）选择适合本地气候、土壤及栽培条件的品种，鲁南二季作区宜选用早熟、早中熟品种。

（2）必须选用脱毒种薯。脱毒种薯的生长势强，发棵早，叶片大而平整，产量高。

（3）根据品种典型形态特征，严格挑选薯形一致、纯度高的种薯。

（4）必须到三证（种子生产许可证、种子经营许可证、植物检疫证）齐全、有较高信誉的售种单位购种。

三、优良品种及特点

（一）费乌瑞它

费乌瑞它属早熟鲜食和出口创汇品种，食用品质极佳。又名：荷兰 7 号、荷兰 15 号、津引 8 号等等。1980 年中央农业部种子局由荷兰引入，其组合为 ZPC50—35 × ZPC55—37（图3 - 1）。

图 3 - 1　费乌瑞它

1. 特征特性

株型直立，株高 60cm 左右。茎紫色，生长势强，分枝少。叶绿色，茸毛中等多，复叶大、下垂，叶缘有轻微波状，侧小叶 3～5 对，排列较稀。花序总梗绿色，花柄节有色，花冠蓝紫色，瓣尖无色，花冠大，雄蕊橙黄色，柱头 2 裂，花柱中等长，子房断面无色。花粉量多，天然结实性较强。浆果深绿色，有种子。块茎呈长椭圆形，顶部圆形，皮呈淡黄色，肉鲜黄色，表皮光滑，块大而整齐，芽眼数少而浅，结薯集中，块茎膨大速度快。干物质含量 17.7%，淀粉 12.4%～14%，还原糖 0.03%，粗蛋白质 1.55%，维生素 C 13.6mg/100g 鲜薯。适宜炸片加工。生育日数出苗至成熟 60 天左右，植株易感晚疫病，块茎中感病，轻感环腐病和青枯病，抗 Y 病毒和卷叶病毒。一般亩产 1 700kg 左右，高产可达 3 000kg。

2. 栽培技术要点

植株较矮，易密植，密度以 4 000～5 000 株为宜。耐水肥，块茎对光敏感，应及早中耕培土，二季作栽培应催芽晒种。

3. 适应范围

江苏、山东、河北、内蒙古、山西、广东等省区均有种植。主要适合二季作区的各省市，广东省作为商品薯栽培生产。该品种对光敏感，收获、运输和贮藏过程中，应注意遮光。适宜鲜食、鲜薯出口，在中国香港、日本及东南亚地区广受欢迎。

（二）荷兰十五

荷兰十五原名 FAVORITA（费乌瑞它），别名荷兰薯、荷兰7号、粤引85—38，由农业部种子局从荷兰引进。

1. 特征特性

株型直立，分枝中等，早期开展，株高60cm左右，薯皮光滑，芽眼少且浅，黄皮、黄肉，淀粉含量14%左右，结薯集中，块茎膨大速度快。属早熟种，从播种到成熟100天左右。茎粗壮间有紫色，叶大叶绿，花冠大、花色蓝紫色，薯块较大，商品率80%以上。块茎休眠期短，耐储存，植株易感晚疫病。亩产1 500~2 500kg，最高产量可达3 500kg以上。

2. 栽培技术要点

该品种属于早熟高产型品种，对土壤、肥水管理要求较高，应选择土层深厚、土质疏松的地块种植。行距70cm，株距22~24cm，亩株数4 000~4 500株最佳。增施有机肥，用氮、磷、钾复合肥作底肥，苗高5cm时追施一次氮肥。始花期开始喷施保护性杀菌剂防治晚疫病。

3. 适宜范围

特别适宜广大南方地区种植，可与其他作物套作，应用地膜覆盖能够早熟早上市。

（三）鲁引一号

鲁引一号由山东农科院经单株系选和脱毒筛选繁育成的匍匐茎短、结薯集中、块茎膨大速度快、大小均匀，适合不同栽培模式种植的早熟高产马铃薯品种，适合春秋二季栽培和与其他作物间套作。是当前山东省种植区的主栽品种（图3-2）。

图 3-2　鲁引一号

1. 特征特性

生育期（出苗到收获），休眠期短，对光照反应不敏感，株型直立，株高 60～65cm。茎秆粗壮，分枝少，叶片肥大生长势强，茎紫褐色，叶绿色，复叶大、下垂，叶缘波浪状，花冠蓝紫色、大、有浆果。块茎长呈椭圆形，皮呈淡黄色，肉鲜黄色，块茎大而整齐，芽眼少而浅，薯皮光滑，外形美观，黄皮黄肉，食味好，品质优良。结薯集中。一般亩产量 2 000kg 左右，高产可达 3 500kg。干物质含量 17%～18%，淀粉含量 13% 左右。粗蛋白含量 1.6%，维生素 C13.6mg/100g 鲜薯。适应性广，休眠期短，适于春、秋两季栽培。食用品质好，适合鲜食和出口，可提早上市鲜食或加工利用，在中国港澳及东南亚市场极为畅销。

2. 栽培技术要点

（1）适期播种。春季生产中要适期早播，提前催大芽播种（芽长 2cm 左右），6 月中旬收获，秋季 8 月上中旬小整薯催芽播种，11 月上旬收获。

（2）合理密植。据土壤肥力，春季每亩 5 000～6 000 株，秋季每亩 6 000～7 000 株。生长期培土 2 次，第一次于植株 5～6 片叶时进行，第二次于植株 25～30cm 时进行。

（3）增施基肥。施足基肥，生长期间一般不再追肥。如需追肥，应在苗期早追。亩施腐熟有机肥 3 000kg 以上，尿素 15kg，二铵 15kg，硫酸钾 20kg。

（4）及时浇水。块茎膨大期间要注意勤浇水，始终保持土壤湿润。及时浇好全苗水，发棵水，膨大水。

（5）防治病虫。防治蚜虫。该品种对病毒抗性中等，较抗疮痂病和环腐病，易感晚疫病。在雨水较多、气候潮湿的地区种植时，应注意防病。

（四）荷兰 7 号

荷兰 7 号是兆龙科技从荷兰引进，经过脱毒单株系选育成的匍匐茎短、结薯集中、块茎膨大速度快、适合不同栽培模式种植的早熟品种。目前，荷兰 7 号是山东省的主栽品种（图 3－3）。

1. 特征特性

块茎休眠期短，适于春、秋两季栽培，也适合与其他作物进行间作套种。株型直立，株高 60cm 左右。茎秆粗壮，

图3-3　荷兰7号

分枝少。叶片肥大、叶缘呈波浪状，花淡紫色。块茎呈长椭圆形，芽眼极浅，薯皮光滑，外形美观，黄皮黄肉，食味好，品质优良。适合鲜食和出口，在中国香港及东南亚市场极为畅销。

出苗后60～70天收获。株高60cm左右，花紫红色。薯块（块茎）长椭圆形、大而整齐、芽眼少而浅，薯皮光滑，黄皮黄肉，结薯集中。淀粉含量13%～14%。该品种易感青枯病、环腐病和晚疫病，抗疮痂病和马铃薯病毒病。一般亩产3 000kg左右。

2. 适应地区及栽培要点

在内蒙古、辽宁、广东、福建等省区和广大的中原春秋二季作地区都有种植，适于间作套种。栽培密度为5 000～5 500株/亩，应及时防治晚疫病。该品种对光敏感，收获、运输和贮藏过程中，应注意遮光。

第二节　马铃薯的间作套种

间作就是在同一块田地里同一生长期内，分行或分带相间种植两种或两种以上作物的种植方式。如我们在种植马铃薯后紧接着在其行间种植其他作物，这就是与马铃薯的间作。套种就是在前季作物生长后期的株行间，播种或移栽后季作物的种植方式。马铃薯的生长后期在其行间种植其他作物，如芋头等作物，这就是马铃薯的套种。

马铃薯的间作套种普遍认为是以确保马铃薯丰收作为前提，其他间作作物收多收少是次要的，其实这种认识偏颇。生产上以其他作物为主的马铃薯间作套种模式很多，如在春玉米生长后期套种秋马铃薯、麦田间种春马铃薯等。有关专家正在研究如何利用间作套种等方式，提早秋马铃薯播种期，延长秋马铃薯生育期。

一、马铃薯间作套种的原因

早春保护地栽培及春露地栽培的马铃薯，由于从播种到出苗需 20～30 天，这一段时间光热资源难以利用。尤其拱棚栽培，拱棚设施的保湿增温效果，使棚内的生态环境适合一些速生菜的生长，进行间作栽培，可以在马铃薯生长前期收获一季蔬菜，提高了生产效益，实践表明，进行间作栽培，对马铃薯最终产量影响不大，但整体效益大大提高。套种是在马铃薯生长后期种植其他作物，由于后茬作物的幼苗尚小，对马铃薯水、肥、气、热、光竞争不大，对马铃薯的产量影响小，且后茬作物由于实行套种，较好地提早播种，延长了后茬作物的生长时间，有利于后茬作物的高产，整体生产效益得到提高，也给合理调配茬口提供了充足的时间，如马铃薯套种玉米不仅使玉米获得高产，而且为秋季安排一茬秋菜提供了充足的条件，提高了复种指数。

马铃薯的生物学优势是早熟丰产。因此，在马铃薯与其他作物间作套种时，为提高间作套种的效益，应把马铃薯早熟丰产的特性发挥出来。①选用早熟高产的品种。②进行晒种、催芽。③适期早播，配方施肥。④促控结合，调节营养生长与结薯，控制旺长。

二、二季作区马铃薯的间作套种模式

二季作区马铃薯间作套种的模式主要有以下几种类型。

马铃薯是最适宜的间作套种作物，它几乎可以和所有作物进行间作套种。在生产中，主要有以下几种类型。

（1）薯粮型。指马铃薯与粮食作物的间作套种，如小麦间作春马铃薯、马铃薯套种玉米、玉米套种马铃薯等，生产种植简便，群众易于掌握。

（2）薯芋型。主要指以地下器官为收获对象的作物间套类型，如马铃薯套种毛芋头等，生产效益较高。

（3）薯油型。指马铃薯与油料作物的间作套种，如马铃薯套种花生等。

（4）薯菜型。指马铃薯与各种蔬菜作物的间作套种，近几年发展很快，是实现马铃薯高产高效的重要模式，种植作物及方式多，间作的主要是速生蔬菜，套种多选用生育期较长、产量较高、生产效益好的作物。

（5）薯瓜果型。指马铃薯与果树、瓜类作物的间作套种。

果树幼树期利用早春光热间作拱棚马铃薯，秋季还可以种一季秋延迟马铃薯，马铃薯与西瓜、黄瓜、冬瓜等瓜类作物间作套种，生产效益也相当好。

（6）薯棉型。指马铃薯与棉花实行套种。

三、滕州马铃薯的间作套种模式

近年来滕州市马铃薯间套作技术发展很快，其中，以大坞、界河、龙阳等镇规模较大，生产水平较高，间套模式最为丰富。现将主要间套模式介绍如下。

（1）马铃薯—玉米—秋马铃薯。早春 3 月上中旬，适期播种地膜覆盖马铃薯，4 月上旬在马铃薯行间套种玉米，8 月上中旬在玉米行间套种或玉米收获后复种秋马铃薯。一般亩（1 亩 $\approx 667 \mathrm{m}^2$。全书同）产春马铃薯 1 500～2 500kg、套种玉米 500～700kg、秋马铃薯1 500～2 00kg，亩产值 4 000 余元，亩纯收入 3 000 元左右。

（2）马铃薯—玉米—秋白菜。3 月上中旬播种春马铃薯，4 月上旬套种玉米，玉米收获后整地种植秋白菜。秋白菜亩产 5 000～6 000kg，亩产值 4 000 余元，亩纯收入 3 000 元以上。

（3）拱棚马铃薯—寒萝卜—西瓜—夏玉米。2 月上旬种植拱棚马铃薯、寒萝卜，4 月中下旬寒萝卜收获后，中耕整地，定植西瓜，6 月中旬在西瓜地里套种夏玉米。可亩产马铃薯 1 500～1 750kg，寒萝卜 1 750～2 000kg，西瓜 3 000～3 500kg，夏玉米 500～600kg，亩产值 5 000 元以上，亩纯收入 4 000 元以上。

（4）拱棚马铃薯—间作寒萝卜（或其他速生菜）—黄

瓜—豆角。寒萝卜收获后，中耕培土，在马铃薯行间定植黄瓜，黄瓜收后或在其行间种植豆角。亩产马铃薯 1 500 ~ 2 000kg，黄瓜 3 000 ~ 5 000kg，豆角 1 000 ~ 1 500kg，亩产值 6 000 余元，亩纯收入 4 500 元左右。

（5）马铃薯—大葱—秋白菜。3 月上中旬播种马铃薯，马铃薯收获后定植大葱，大葱收获后定植秋白菜。亩产马铃薯 1 500 ~ 2 500kg，大葱 4 000 ~ 5 000kg，秋白菜 5 000 ~ 6 000kg，亩产值 4 500 余元，亩纯收入 3 200 元左右。

（6）拱棚马铃薯—速生菜—毛芋头。速生菜可选用寒萝卜、小白菜等，3 月中下旬在马铃薯行间、速生菜畦内下毛芋头。亩产马铃薯 1 500 ~ 2 000kg，毛芋头 3 000 ~ 3 500kg，亩产值 7 400 余元，亩纯收入 5 500 余元。

（7）马铃薯—毛芋头。马铃薯采取地膜覆盖，于 3 月上中旬播种，4 月中旬在其行间套种毛芋头，亩产马铃薯 1 500 ~ 2 500kg、毛芋头 2 000kg 左右，亩产值 4 300 余元，亩纯收入 2 900 元左右。

四、几种间作套种模式范例

1. 春马铃薯套种玉米

春马铃薯套种玉米播种期最好在 4 月上旬，一般马铃薯处在团棵期，此期尚存在较多漏光，套种玉米出苗后有利于幼苗生长。播期过晚，往往因马铃薯秧大，造成马铃薯欺苗，玉米缺苗断垄，生长细弱，不利于玉米高产；播种过早，气温、地温较低，且晚霜危害频繁，易造成烂种死苗。

2. 玉米套种秋马铃薯

在玉米行间套种秋马铃薯，遮荫降温，利于出苗，减轻病虫害的效果十分明显。但往往因出苗后玉米的遮荫，光照条件差，易形成细弱苗、过高苗。出现这种情况，应采取综合栽培管理措施加以克服。①马铃薯出苗后，及时清除玉米雌穗以下叶片，增加透光率；②玉米收获后，及时清除玉米秸秆，缩短遮阴时间，增加光照；③玉米收获后及时中耕培土扶垄；④捏尖抑制主茎生长；⑤喷施0.3%磷酸二氢钾溶液。

秋马铃薯种植期间气温高，土壤蒸发及玉米叶面蒸腾量大，因此，必须做到墒足、浅播、适度覆土，一般要求开沟深5cm左右，覆土7~10cm，同时，注意防治各种害虫。

3. 拱棚马铃薯间作寒萝卜

大中拱棚在"大寒~立春"，中小棚在"立春"后进行。先播种马铃薯，然后再播种寒萝卜，马铃薯播种方法同纯作拱棚栽培，行距加大为80~100cm。寒萝卜采取平畦湿播法，浅覆土。

拱棚间作栽培，由于两种作物同时生长，需要吸收大量的土壤养分。因此，间作栽培应比拱棚纯作马铃薯增加施肥量。一般比拱棚纯作马铃薯亩增施50~75kg复合肥，尿素20~30kg。

马铃薯从播种到收获需90~100天，寒萝卜从播种到收获55~65天，共存期仅55~65天，共生期（两种作物都出苗后）仅30天左右，寒萝卜对马铃薯生长发育和产量影响不大，这也是进行间作栽培的重要依据。

拱棚马铃薯间作寒萝卜，马铃薯上市期略晚于纯作拱棚马铃薯，可以多收获一季寒萝卜，寒萝卜产量接近纯作，可亩产寒萝卜1 750~2 000kg，亩纯增收入1 000元左右，是比较成功的栽培模式。

4. 马铃薯套种花生

实践表明，花生不宜种在沟底，种在垄半坡较好，一般在垄两旁一边点种一行花生，可避免浇水或雨水对花生的浸害，同时，也可减轻收获马铃薯时土壤压埋，利于花生的生长发育。

花生的适宜播期一般在"清明"后、"谷雨"前较好，可根据马铃薯生长状况、气候条件、土壤墒情决定，但必须在春马铃薯培土扶垄后进行。播种过早，气温、地温条件难以满足花生出苗，易烂种；过晚，出苗虽好，但生育期缩短，难以建立花生高产的群体结构，造成收获期延迟，秕果增加，影响下茬栽培。

5. 薯棉间套

马铃薯套种棉花，一般对马铃薯产量影响很小，棉花还可获得较高产量。棉花是生长期较长的作物，单作难以发挥生产效益，马铃薯收获后直播棉花，不利棉花夺高产，棉花品质下降。实行薯棉间作，既满足了棉花的生育期，又实现了一年两作，生产效益较高。

当前推广的棉花品种，株型较为紧凑，结铃性好，适于密植。薯棉间作马铃薯的行距 70~90cm，株距可适当缩小，以确保马铃薯种植密度在 60 000~75 000 株/hm^2，最好两行棉花与两垄马铃薯间套种，这样解决了棉苗过小不需浇水，马铃薯块茎膨大需水的矛盾。

6. 拱棚马铃薯间套毛芋头

毛芋头种芋在温度 10℃即可萌发生长，但发芽很慢，在较低温度下从播种到出苗需要较长时间，极易造成烂种，出苗不整齐。因此，拱棚马铃薯间套毛芋头适宜的下种时间为：拱棚外界气温在5℃以上，棚内10cm地温稳定在12℃以上，一般马铃薯团棵期前后，比露地春毛芋头播种期可提早20～30天。

毛芋头生育期长，土壤养分消耗量大，马铃薯生育期短，但对养分的吸收利用较为集中，根据两种作物的生育特点和需肥规律，提倡重施基肥，追肥补施。一般每公顷施专用生物有机肥3 000～4 500kg（腐熟鸡粪45～60m³），三元复合肥（15∶15∶15）2 250～3 000kg，尿素225～300kg。鸡粪全部，复合肥一半耕地时撒施，另一半复合肥及尿素作为种肥在播种时施用，150～225kg尿素，300～450kg硫酸钾作为追肥补施。

拱棚马铃薯间套毛芋头，马铃薯产量一般22 500～30 000kg/hm²，毛芋头每公顷可达45 000kg以上，比地膜覆盖毛芋头增产15%～20%，公顷纯收入增加70%～80%。

7. 拱棚马铃薯套种西瓜

西瓜喜高温、干燥，极不耐寒，生长发育最适宜的温度为25～30℃，13℃生育停滞，10℃完全停止生长，15℃是西瓜苗期生长的最低适温。考虑到间作栽培，马铃薯与西瓜对温度要求不同，西瓜的定植较拱棚纯作西瓜稍晚一些，一般在4月中旬马铃薯团棵后，西瓜苗3叶一心定植为好。

挖丰产沟是西瓜获得高产实现高效的重要基础，因此，间套作西瓜仍然提倡挖丰产沟。一般在马铃薯播前根据确定的西瓜行距，预留西瓜定植行，挖宽50～60cm，深30～40cm的丰产沟，将土杂肥、下层生土、复合肥等充分混合回填沟内，表层熟土盖在上面，灌水塌墒，整畦待播。

8. 马铃薯套种黄姜

黄姜是地下块茎作物，深培土不利于黄姜的生长发育，黄姜套种一般在沟底，播种深，培土扶垄后易造成覆土过深，给黄姜的生长发育和管理带来不便，浅播可较好地解决这一问题，因此，马铃薯套种黄姜宜浅播，覆土厚度 2～3cm 为宜，一般套种在离沟底 10cm 的垄边上。

第四章

马铃薯高效栽培技术

第一节　栽培模式类型

一、保护地类型及栽培季节

马铃薯保护地生产要求有适宜的环境条件，即在外界气候不适宜植株生长的季节里，稍加保护后植株就可以生长。在中原二季作地区，冬季不太寒冷，利用简易的日光温室和塑料大棚就可以安全地进行马铃薯生产。目前，生产中应用较多的保护地栽培方式和栽培季节包括以下几方面。

（一）拱圆形塑料大棚三膜覆盖栽培

这一栽培模式包括在大拱棚内增加一层小拱棚和地膜，形成三层膜覆盖。据试验，当太阳照射到大棚表面时，80%～90%的短波辐射可透过薄膜进入棚内变成热能，使大棚内空气和土壤增温。而塑料薄膜又能阻止棚内以长波辐射的热能向外扩散（长波辐射透过薄膜的量只有6%～10%），从而达到了增温和保温的目的。据测定，在山东省各地区从12月到翌年1月，大棚内气温最低，夜间一般都低于0℃，不适合马铃薯生长。当在大棚内再覆盖一层小拱棚后，小拱棚内的温度又可提高3～5℃，小拱棚内再进行地膜覆盖后，气温又能增加1℃左右，同时地温也有明显的增加。这样，通过三层薄膜覆盖以后，1 月中旬前后棚内土壤温度最低可达到 3～5℃以上，因而可以进行马铃薯播种。实践证明，在山东省多数地区采用三膜覆盖，可于 1 月中旬前后播种。

（二）中拱棚双膜覆盖栽培

中拱棚是指高度在 1.5m 左右，同时，覆盖 4～6 垄马铃薯的塑料棚。一般采用双膜覆盖形式，即一层棚膜和一层地膜。中拱棚双膜覆盖的增温效果和保温效果都不如大拱棚三膜覆盖的好，因此，播种应适当延后。在山东省多数地区，可于 2 月初播种。

（三）小拱棚双膜覆盖栽培

小拱棚一般只能覆盖 2～3 垄马铃薯。由于小拱棚内体积小，储存的热量少，所以，保温效果又次于中拱棚。播种时间一般在 2 月中下旬。

（四）阳畦栽培

阳畦栽培所采用的就是普通蔬菜育苗用的阳畦。由于其建造特点和能够采用保温覆盖物覆盖，所以，其保温性能比较好，可于 1 月中旬前后播种。

二、露地栽培类型及栽培季节

（一）春季地膜覆盖栽培

这是目前生产中主要的栽培模式。栽培时，先开沟播种，培土起垄后覆盖地膜。其播种时间因地区不同而略有差异，在山东省自西向东的播种时间是 2 月底到 3 月中旬。

（二）秋季栽培

在山东省各地都可以进行秋季栽培。目前，闲置秋季栽培的主要因素，是缺乏适宜的优良种薯。秋季栽培的播种时间也于不同地区有关。一般昼夜温差大，气候冷凉的地区可于 7 月底播种，其他地区于立秋前后播种。

第二节　马铃薯高效栽培技术

根据上市时间不同，可以采用不同的栽培模式进行生产，现分别将各自的栽培技术介绍如下。

一、多层覆盖高效栽培技术

马铃薯生长发育需要较冷凉的气候条件。10cm 地温 7 ~ 8℃，幼芽即可生长；幼苗可耐短时 –2 ℃气温，即使幼苗受到冻害，部分茎叶枯死、变黑，但在气温回升后还能从节部发出新的茎叶，继续生长；茎叶生长最适宜的温度为 21℃；地下部块茎形成与膨大最适宜温度 17 ~ 18℃，超过 20℃生长渐慢。

滕州市属于典型的暖温带季风大陆性气候，四季分明，雨热同期。年平均气温为 13.6℃，年平均地温为 16.3℃。月平均气温以 1 月最低，一般在 –1.8℃，7 月份最高，一般在 26.9℃。最高气温≥35℃的炎热天气一般开始于 5 月中旬，终止于 9 月下旬，以 7 月出现最多；日最低气温≤ –10℃的严寒期一般终止于 2 月上旬。降水量多年平均为 801mm，年内降雨多集中于 6 ~ 9 月，占全年降水量的 71.66%，7 ~ 8 月占 49.15%。

拱棚农膜覆盖早期可以提高地温、气温，有利于提早播种。利用拱棚进行早春马铃薯栽培，可以适当提早播期，适当早收获，以避开高温、高湿季节，同时，使马铃薯块茎膨大期处于凉爽、干燥、昼夜温差大的时间段，产量高，品质好。

该种植模式已被滕州农民广泛接受，2011 年全市春季马铃薯栽培面积在 48 万亩，其中，多层覆盖栽培面积达 33 万亩，占总面积的 72.9%，较去年增加 5 万亩（表 4 - 1）。

表 4 - 1　3 种栽培类型效益比较（滕州地区）

项　目	地膜栽培	二膜栽培	三膜栽培
播　期	2 月底	2 月中旬	2 月上旬
收获期	5 月底至 6 月中旬	5 月上中旬	4 月底至 5 月初
平均亩产（kg）	2 600	3 200	2 600
平均价格（元/kg）	1.8	2.6	4.2
亩产值（元）	4 680	8 320	10 920
亩成本（元）	1 390	1 910	1 960
亩收益（元）	3 290	6 410	8 960
备　注	价格为 2010 年地头价，人工不计成本		

马铃薯多层覆盖栽培是相对于马铃薯地膜栽培来讲的，我们将马铃薯地膜覆盖栽培称为一层覆盖，将二层、三层等覆盖形式统称为马铃薯多层覆盖栽培（图 4 - 1）。

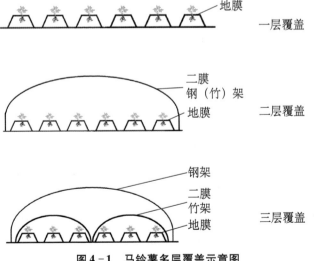

图 4 - 1　马铃薯多层覆盖示意图

（一）选用优良品种和高质量的脱毒种薯

（1）根据二季作区的气候特点，应选用结薯早、块茎膨大快、休眠期短、高产、优质、抗病、适应市场需求的早熟品种，如荷兰15、鲁引1号、荷兰7、费乌瑞它等。

（2）马铃薯种薯对马铃薯产量的贡献率可达60%左右。

（3）脱毒种薯出苗早、植株健壮、叶片肥大、根系发达、抗逆性强、增产潜力大。二代、三代的脱毒种薯在产量及抗逆性上均表现最好。

（4）马铃薯是无性繁殖作物，在挑选种薯时应剔除病薯、烂薯、畸形薯。

（二）精耕细作

（1）选择土壤肥沃、地势平坦、排灌方便、耕作层深厚、土质疏松的沙壤土或壤土。前茬避免黄姜、大白菜、茄科等作物，以减轻病害的发生。

（2）前茬作物收获后，及时清洁田园，将病叶、病株带离田间处理，冬前深耕 25～30cm 左右，使土壤冻垡、风化，以接纳雨雪，冻死越冬害虫。

（3）立春前后播种时及早耕耙，达到耕层细碎无坷垃、田面平整无根茬，做到上平下实。

（三）催芽播种，保证全苗

（1）播种前 30～35 天切块后催芽。

（2）催芽前将种薯置于温暖有阳光的地方晒种 2～3 天，同时，剔除病薯、烂薯。

（3）切块时充分利用顶端优势。先将种薯脐部切掉不用，将带顶芽 50g 以下的种薯，可自顶部纵切为二；50g 以上的大薯，应自基部顺螺旋状芽眼向顶部切块，到顶部时，纵切3～4块，可与基部切块分开存放，分开催芽、播种，可保证出苗整齐（图4-2）。

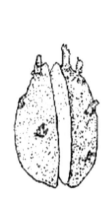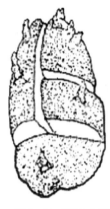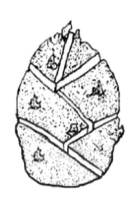

图4-2 螺旋式切块

（4）晾干刀口后放在温度为18～20℃的阳畦内采用层积法催芽，也可放在温暖地方催芽。

（5）待芽长到2cm左右时，放在散射光下晾晒，芽绿化变粗后即可播种。

（四）药剂拌种，防虫防病

（1）通过药剂拌种可以很好的预防苗期黑痣病、干腐病、茎基腐。同时，能预防苗期蚜虫以及地下害虫蛴螬、金针虫的为害。

（2）下面提供3种常用配方。

配方一：扑海因50ml＋高巧20ml/100kg种薯。即将50g扑海因50%悬浮剂混合高巧60%悬浮种衣剂20ml加到1L水中摇均匀后喷到100kg种薯上，晾干后切块。

配方二：安泰生 100g + 高巧 20ml/100kg 种薯。方法同上。

配方三：适乐时 100ml + 硫酸链霉素 5 ~ 7g/100kg 种薯。方法同上。

（五）适期播种

（1）马铃薯播种时应做到适期播种，使薯块膨大期处在气候最适合的时间段，以获取最大产量。

（2）长期实践证明滕州地区二膜覆盖的适播期在 2 月中旬，三膜覆盖的适播期在 1 月下旬至 2 月上旬。

（六）宽行大垄栽培

（1）实行健康栽培，改善通风状况。

（2）宽行大垄栽培：一垄双行，垄距由原来的 70cm 加宽到 75 ~ 80cm，亩定植 5 000 ~ 5 500 株；一垄单行，垄距由原来的 60cm 加宽到 70cm，亩定植 4 500 ~ 5 000 株。

（3）大垄栽培：培大垄，减少青头，增加产量。

（七）测土配方，均衡营养

（1）过多施用化肥造成成本增加、土壤板结、次生盐渍化、污染环境、品质下降。

（2）测土配方施肥是在土壤营养状况、目标产量、马铃薯需肥特性提出来的。

（3）测土配方施肥重施有机肥，培肥地力，增施钾肥，提高产量，氮磷钾配合、补施微肥，提高品质。

（4）中等地力水平、亩产 4 000kg 马铃薯地块，需亩施商品有机肥 200kg、氮磷钾复合肥（15：10：20 或 15：12：18）150kg、硫酸锌 1.2kg、硼酸 1kg。

（八）加强田间管理

（1）及时破膜：播种后 20~25 天马铃薯苗陆续顶膜，应在晴天下午及时破孔放苗，并用细土将破膜孔掩盖。防止苗受热害。

（2）加强拱棚温度管理：拱棚内保持白天 20~26℃，夜间 12~14℃。经常擦拭农膜，保持最大进光量。随外界温度的升高，逐步加大通风量，当外界最低气温在 10℃ 以上时可撤膜，鲁南地区可在 4 月中旬左右。早期温度低，以提高地温为主。通风的时间长短、通风口的大小由棚内温度决定。

（3）三膜覆盖中内二膜出苗前不必揭开。出苗后应早揭、晚盖。只要外界最低气温在 0℃ 以上夜间就可以不盖。

（4）适当浇水：马铃薯的灌溉应是在整个生育期间，均匀而充足的供给水分，使土壤耕作层始终保持湿润状态。掌握小水勤灌的原则，切忌不宜大水漫灌过垄面，以免造成土壤板结，影响产量。

要注意的几点是，①要做好大棚管理，包括温度控制、通风管理、光照管理；②塑料中拱棚双膜覆盖栽培的特殊管理；③塑料小拱棚栽培的特殊管理。

第一，温度控制。播种后出苗前大棚的主要管理措施都是围绕着提高棚内气温和地温而进行的，可以说这段时间内大棚内的气温能够达到多高就让它达到多高。有条件的情况下，白天温度不要低于 30℃，夜间不要低于 20℃。有的地区为了提高保温效果，把大棚周围的薄膜做成夹层，即在大棚四周的里层（约 1.5m 高）另外附一层旧塑料薄膜，在夹层之间填充适量麦糠。出苗前一般情况下不必进行通风，也不必揭开里面的小拱棚。当出全苗以后，就应该适当降低大棚内的温度。白天保持在 28～30℃，夜间保持在 15～18℃。此外，白天只要外界气温不是太低，都应该及时把棚内的小拱棚揭开，以使植株接受更多的光照。如果夜间外界气温低于 -9℃时，就应适当增加保温措施，例如，在大棚四周围一圈草苫进行保温。

第二，通风管理。通风的目的有两个，一是降低棚内的空气湿度，以减少病害发生；二是降低棚内温度。如果棚内潮湿，早晨棚内雾气腾腾的话，就应马上进行通风，浇水后也要进行通风。如果白天棚内温度达到 30℃以上，也要进行通风。生产中要特别注意两个极端，其一是不敢通风，生怕棚内温度低影响生长。结果导致植株徒长，同时，引发病害尤其是晚疫病的产生。其二是通风过大，影响植株生长。

第三，光照管理。由于薄膜的覆盖遮光，所以，大棚内光照条件远比露地差，因此，应尽量增加棚内光照。具体做法是，出苗后白天把小拱棚掀开，晚上覆盖，即便是阴雨天气也要掀开小拱棚。此外，应始终保持薄膜清洁。

塑料中拱棚双膜覆盖栽培的特殊管理：中拱棚是介于大棚与小棚中间的一种棚型，高度一般在 1.5～1.8m。中拱棚一般采用双膜覆盖栽培形式，即地膜和拱棚膜。由于覆盖物减少，所以播种时间晚于大棚三膜覆盖栽培的。一般每棚栽培 4～6 垄。

催芽播种时间根据各地气候情况，中拱棚覆盖栽培的播种时间一般在 2 月初至 2 月中旬。催芽时间可向前推算 20～30 天，根据催芽环境条件决定。催芽方法、栽培管理技术措施与大棚栽培相同。

塑料小拱棚栽培的特殊管理：塑料小拱棚覆盖栽培也是采

用地膜覆盖和拱棚覆盖栽培形式。不同的是，由于棚体较小，所以，一般每棚栽植 2～3 垄马铃薯。小拱棚的播种时间一般在 2 月中旬，有的地区也可提早到 2 月上旬，胶东半岛可延迟至 2 月下旬。小拱棚的栽培管理技术也与大棚类似。

二、阳畦早熟栽培技术

阳畦栽培是中原二季作地区春季常采用的一种早熟栽培技术，也是比较成熟的技术。其应用原理就是利用阳畦的保温性能，达到提前播种，提前收获上市的目的。阳畦栽培的缺点是占地面积较大。阳畦生产的主要目的也是抢季节早上市，因此，生产中主要强调的是一个"早"字，即在适宜的时期内早播种、早收获。阳畦生产的技术要点如下。

（一）建造阳畦

阳畦的规格一般是 $1.5\text{m} \times 45\text{m}$，即 67.5m^2，应根据土地情况来决定阳畦的大小。阳畦必须是东西走向，因为只有这样才能充分利用太阳光能。阳畦的建造方法与蔬菜育苗阳畦相同，要求后墙高 40～50cm，两头打成向南下降的"斜坡"墙。然后将畦内的土下挖 3～5cm，堆到畦的南沿，使之形成约 10cm 的"矮墙"，同时，把畦内整平。

（二）适期播种

播种适期应根据品种的生育期来确定。一般早熟品种从播种到收获 90～100 天即可，而阳畦薯的适收期是在 4 月底至 5 月初。因此，播种期应由此向前推算 90～100 天，即在 1 月中旬至 2 月初。

（三）提早催芽

上年秋季收获的种薯，由于整个贮藏期都处于低温的冬季，所以，到播种时仍处于休眠状态。因此，必须先进行催芽，然后播种。催芽方法如下。

1. 催芽时间

催芽时间的早晚，依贮藏温度及种薯打破休眠状况而定。贮藏温度低，催芽时间应早；温度高，可晚催芽。在一般情况下，应提前 25～30 天催芽。

2. 催芽

只要能够提前 30 天左右催芽，一般不需要用赤霉素处理。只需将切好的薯块置于 15～20℃ 的温度下，适当用潮湿麻袋、湿草苫子等保潮或埋在潮湿沙子中即可。需要注意在催芽过程中，薯堆内温度、湿度不能太大，否则易腐烂；在催芽过程中要经常查薯堆，如发现烂块，应及时将其挑出，并将薯堆散开通风（详见大棚三膜覆盖栽培技术部分）。

（四）播种

1. 施肥浇水

阳畦和大棚生产中要求一次性施足基肥，生长期间不再追肥。基肥应以有机肥为主，最好使用沤好的厩肥，因厩肥有利于土壤增温和保温。每个阳畦应施 500kg 的有机肥。每个阳畦再施 5kg 三元复合肥、1～2kg 尿素、5kg 硫酸钾。施肥方法是 50％ 有机肥撒施，另 50％ 与复合肥一起沟施。

由于阳畦生产中，外界气温非常低，所以，不宜进行土壤表面灌水，否则会降低地温，影响出苗。如果播种前土壤不是太干，不要浇大水造墒，而是在播种时开沟浇水，水渗下后播种。

2. 播种密度

阳畦内应采取南北行播种。大行距 80cm，在 80cm 的条带中间开 2 条浅沟（5～7cm），沟距 15 cm，然后在沟内播种。株距 30cm，栽培密度为 5 500 株/亩。

3. 播种方法

播种方法是使幼芽与地面平行，并紧贴地面。一般不要使幼芽垂直向上，这样在覆土时幼芽易按压伤。播种时应注意不要把幼芽碰掉，否则，播种后薯块要重新发芽，造成出苗晚，影响田间整齐性，也不便于管理。

4. 培土

播完种后应立即培土。方法是从每大行的两边向中间培土，最后垄顶宽约 30cm。培土厚度以 8cm 为宜，不可过浅，否则，会影响结薯。

5. 阳畦管理

播种起垄后，首先盖好地膜，以利于保墒、提高地温，降低棚内空气湿度。然后担上竹竿并覆盖薄膜。膜的周围要用土压严。晚上覆盖草苫保温。出苗前的主要管理工作是揭、盖保温覆盖物（草苫、麦秸、玉米秸等都可用作保温材料）。要注意早晨早揭，只要太阳能照到阳畦上，就应揭掉覆盖物，使苗床接受光照；晚上适当早盖覆盖物，以减少阳畦内热量散失。

当开始出苗时（幼苗顶土），注意于晴天中午前后揭开薄膜，将地膜撕开小口，扒出幼苗并将根周围用土封严。此后，应注意保持薄膜清洁，以保证其透光性能好。如果阳畦内气温升至 28℃ ，应注意适当揭膜通风。4 月初以后应加大通风量。生长中后期要适当浇水。此外，阳畦内一旦发现蚜虫，就应及时打药防治。

三、春露地栽培技术

（一）播种期

在中原二季作地区春季马铃薯生产中，播种期早晚对植株生长及产量影响十分显著。在适宜播种期后每晚播种5天（或晚出苗5天）会导致减产5%，如果超过适期15～20天，可减产30%以上。其原因是，晚播种的植株出苗后就遇上了高温、长日照条件。前面讲到，高温长日照是不利于结薯和薯块膨大的。此外，由于播种晚就想通过晚收来补偿，也是不行的，因为后期的高温多雨，不仅块茎膨大很慢，也会因为土壤湿度大而导致烂薯。因此，在山东省春季，马铃薯适宜早期播种，自西向东的适宜播种期是2月底至3月20日。

（二）种薯处理方法

种薯处理包括两方面的内容。一是对种薯进行消毒灭菌，因为有时在种薯生产过程中田间发病，使块茎带有病菌，甚至块茎腐烂。灭菌方法是，先将块茎放到太阳下晾晒1～2天（秋季播种的晾晒时间要短）以晒死表面病菌。然后进行药剂灭菌。二是对种薯进行激素处理。但这要根据种薯状况来决定。激素处理的目的是打破种薯休眠，促进发芽。因此，当种薯休眠期已经通过时，就没有必要进行激素处理了。

（三）整薯播种的优点

切块催芽方法与上述相同，在此介绍一下整薯播种的优点。在马铃薯生产中，并不是一定要进行种薯切块。事实上，整薯播种的增产性要比切块播种高得多，许多国家都采用整薯播种。

1. 增产效果显著

整薯播种一般要比切块播种增产 18% ~ 45%，大薯率也比切块播种的高（表 4 - 2）。此外，种薯上不同部位的芽，对产量的影响不同。以陇薯 2 号的试验结果表明，整薯播种的产量仍然很高，其次是顶芽。

表 4 - 2　小整薯播种大薯率

处理	大薯 (>100g)		中薯 (50~100g)		小薯 (<50g)	
	块数（%）	重量（%）	块数（%）	重量（%）	块数（%）	重量（%）
小整薯	43.13	68.45	24.5	19.9	32.36	11.65
切块	31.33	58.5	24.1	24.0	44.57	17.5

基部芽的产量最低（表 4 - 3）。中部芽的产量与混合芽的产量没有差异。顶部芽的商品率也高于中部芽和基部芽。导致中部芽和基部芽产量低的一个原因，是播种后出苗晚、生长发育推迟、植株生长势弱等。例如，基部芽比顶部芽晚出苗 5 ~ 9 天，开花期晚 3 ~ 6 天。

表 4 - 3　不同部位的种芽对产量的影响

处理	株数	单薯重 （kg）	商品率 （%）	淀粉含量 （%）	产量 单株 （kg）	小区产量 （kg）	亩产量 （kg）	±CK （%）
整薯	3.6	0.11	80.5	11.7	0.4	23.83	1 324.1	45.9
顶芽	3.6	0.1	80.0	11.7	0.35	20.67	1 148.2	26.5
中部芽	2.9	0.09	77.8	11.5	0.27	16.00	888.9	-0.2
基部芽	2.5	0.09	76.5	11.5	0.22	12.17	676.2	-25.5
混合芽*	3.1	0.09	69.0	11.5	0.28	16.33	907.5	—

*指常规切块方法，即各部位芽混合播种

2. 减少病害传播机会

整薯播种不仅能增产，而且能减少病害的发生机会和降低退化速度。例如，用丰收白做试验表明，整薯播种的退化株率只有 17%，而切块播种的退化株率则达到 85%，退化程度也重得多（表 4－4）。整薯播种还能减少细菌性病害的传播机会。

表 4－4　整薯播种与切块播种的植株退化情况

品种	处理	调查株数	退化株数	退化率（%）	退化指数
丰收白	小整薯	112	19	17.0	7.7
	切块	112	95	85.0	45.0
晋薯 1 号	小整薯	500	17	3.4	1.7
	切块	500	43	8.6	4.3

3. 整薯播种能增强抗旱能力，提高出苗率

整薯播种能使出苗率提高 8～29 个百分点。这在缺少水浇条件的一季作地区效果尤为突出。植株抗旱性增强的一个原因是根系发达健壮。例如，播种 15 天后，整薯播种的平均每株有 10 条根，最大根长 8cm，而切块播种的只有 3 条，最大根长 4cm。这时前者的芽长为 2.1cm，后者的为 1.5cm。另一个原因是减少了切块伤口失水的机会。

由上述可见，生产中要尽快推广小整薯播种。但由于目前所用的多数仍然是大块种薯，为节约用种量则必须进行切块播种。在目前的肥水条件和栽培密度下，采用小种薯整薯播种需要注意的问题是，如果种薯生理年龄较大，那么播种后单个块茎出苗数（即主茎—直接从种薯上长出的植株，而不是分枝）会超过 2 个以上，因每个主茎上都能形成块茎，这样单穴结薯数量就会过多，结果使得薯块都长不大。在这种情况下，就应在出苗后去掉多余的主茎，只保留 1～2 个主茎。

（四）整地播种技术

1. 施足基肥

整地时要施足基肥，基肥的种类及数量分别是，每亩地施优质有机肥（有机质含量≥30％）100～150kg，三元复合肥（16－9－20）150kg。施肥方法是，将2/3的有机肥于整地时撒施，1/3于播种时开沟集中沟施，化肥也于播种时全部集中沟施。

马铃薯根系生长、块茎的形成及膨大都要求土壤有充足的氧气、耕作层深厚疏松。因此，种植马铃薯时除要求尽量选用透气性好的壤土或沙壤土外，还要注意深耕。一般要求于冬前深耕20cm晒垡。开春撒施土杂肥后再耕一遍，同时，耙细耙平保墒，以利早出苗、早发棵、早结薯、获得高产。

2. 起垄栽培

马铃薯块茎的形成与膨大，需要疏松透气的土壤条件，故最适于垄作栽培。垄作栽培有利于提高地温，促使早熟。播种深度因土壤条件和气候条件而异。沙壤土和气候干旱地区，宜适当深播；黏壤土和气候湿润地区，则宜适当浅播。一般来说，沙壤土播种深度为10～12cm，黏壤土深度为8cm。

3. 合理密植

合理密植是充分利用土地面积和太阳光能，提高产量的必要前提。马铃薯单位面积产量，是由总株数和单株块茎重量决定的。在一定范围内两者可以相互协调、增加产量。这个范围就是合理密植。在中原地区，春季栽培的适宜密度为每亩4 500～5 000株，即行距70cm，株距20cm左右。也可进行单垄双行播种，即垄宽80～90cm，每垄播种两行（两行之间15～20cm），两行之间薯块成三角形插空播种。株距35cm，密度为4 200～4 500株/亩。栽培密度大小直接影响到单个块茎的大小，密度大，单位面积上结的块茎数多，但个头小，密度小单位面积结薯数少，块茎个头大。因此，要根据土壤肥水条件进行合理密植。土壤肥水条件好的应适当稀植，土壤瘠薄或施肥浇水少的地块应适当密植；生长势强的品种适当稀植，生长势弱的则宜密植。

4. 开沟播种

播种时先按行距开5～10cm浅沟（根据沟施有机肥的多少而定），将有机肥和化肥均匀地撒在沟内，然后将肥料和土拌匀。如果土壤墒情不好，则应在沟内浇适量的水，以保证早出苗。播种方法是将种芽贴地面播于沟底，并使之与沟的方向相同。播后立即培土起垄。垄面搂平后覆盖地膜。

5. 适当深培土

播种后培土深浅会直接影响到出苗早晚、幼苗的强弱以及结薯状况、块茎膨大质量等，也是导致块茎变绿的主要原因。如果培土过深，就会导致出苗晚，由于出苗时间长养分消耗多，那么有苗出土后就表现得细弱。相反，如果播种过浅，在土壤墒情良好的情况下出苗快，在墒情不好的情况下，因表层土壤干旱反而推迟出苗。此外，在培土浅的情况下，一方面因地下茎较短而影响结薯；另一方面因块茎离地表太近而易受外界高温（包括表层土壤温度）、表层土容易落干等因素的影响，而使块茎不能正常膨大，结果块茎变圆或产生畸形、块茎容易露出地面而变绿。

适宜的培土方法是，播种时培土 8 ~ 10cm（种薯块以上），出苗后培土至 12 ~ 15cm。

（五）水肥管理措施

1. 浇水

马铃薯是比较耐干旱的作物，但生产中要获得高产必须保证土壤中有充足的水分。在一般情况下，马铃薯生育期应浇以下几次水。第一次，播种时造好底墒。第二次，于全苗期浇水。块茎形成初期（早熟品种第 6 ~ 8 片叶期）。土壤湿度是控制块茎疮痂病发生的主要管理技术措施，如果此期土壤干旱，很容易引起疮痂病的大量发生。第三次，于现蕾期浇水。以后根据土壤情况每隔 7 天左右浇 1 次。收获前 7 ~ 10 天停止浇水。

2. 追肥

实践证明，植株生长期间适当进行追肥，能够明显提高产量和品质。第一次追肥时期以 5 ~ 6 叶龄为宜，每亩追施二铵 5kg、硫酸钾 10kg。第二次追肥在块茎膨大初期进行，每亩追施复合肥 10kg，硫酸钾 10kg。

（六）中耕及培土

在马铃薯生长期间，应始终保持土壤疏松通气，以利于根系生长和块茎膨大。因此，有条件的要经常进行中耕。出苗前土壤温度较低，可以通过中耕来提高地温。这时应深耕，做到深锄耢细，以增温保墒。出苗后要及时中耕除草。以后每浇一次水，都要中耕一次。在植株团棵期，即植株 5 ~ 7 片叶时结合中耕进行第一次培土。这次主要向植株基部培土。当植株达到25~30cm时进行第二次培土。这次除向植株基部培土外，还要向垄的两边培土，最终培成"宽肩"垄，厚度达到12~15cm，以防止块茎"钻出"地面。

（七）植株调整及叶面施肥

1. 植株调整

这里所说得植株调整，是指采用化控技术控制植株徒长。由此可见，只有植株出现徒长迹象时，才可采用这一技术。在植株生长正常或植株长势比较弱的情况下，都不能采用。常用的化控技术有，于显蕾期喷施50~100mg/kg多效唑（也应考虑对下茬作物的影响问题）或3000mf/kgB9、2000mg/kg的矮壮素。也可将激素与叶面肥混合喷施。

2. 喷施叶面肥

叶面肥一般于块茎膨大期喷施。叶面肥的种类很多（也有把一些激素类刺激生长的物质叫做叶面肥）。事实上，各种化肥及微量元素都可用作叶面肥。常用的叶面肥包括0.5%的磷酸二氢钾+0.2%尿素混合液、光合微肥、喷施宝、植物动力2003等。叶面肥可连续喷施2~3次，每次间隔5~7天。在植株生长良好，未出现脱肥现象时，喷施叶面肥效果不明显。

四、秋季栽培技术

在春秋二季作地区，秋季的气温和光照都适合马铃薯块茎的形成和膨大。只要选择适宜的品种，秋季照样可以获得高产。如"鲁引一号"，秋季栽培单产也可达到1 500~2 000kg，最高单产甚至可达到3 000kg。

（一）播种技术要点

播种期间的高温多雨，是秋季生产中存在的最主要问题，这给播种后正常出苗带来了一定的困难。因此，如何克服这一困难保证出全苗，是秋季生产中的关键。秋季生产应掌握以下几方面要点。

1. 适期播种

秋季生产一般不能播种过早或过晚。播种过早，植株会发生严重的病毒病和疮痂病，导致产量和商品性下降。播种过晚，则会由于植株生长期不够，而不能获得最高产量。一般来说，秋季马铃薯出苗后要有 60～65 天的生长期，才能获得较理想的产量。

秋马铃薯的收获期以初霜为准。只要不下霜，植株就可生长。各地的初霜期不同。如山东省各地的初霜期一般在"霜降"前后，最迟可到 11 月初。所以，播种期应根据当地初霜期向前推算 60～65 天，再加 15 天的出苗期（秋薯播种后一般需 10～15 天出苗），即向前推算 80～85 天为最佳播种期。如山东省可于 8 月初到立秋前后播种。

2. 小整薯播种

整薯播种的主要目的，是防止播种后种薯在土壤中发生腐烂。在二季作地区，播种时正值雨水比较多、气温较高的 8 月上旬。如果这时仍采用切块播种，则会因土壤湿度大、温度高而导致大量烂薯。

整薯播种时薯块不宜过大，否则浪费严重。最适宜的薯块大小是 20～50g。秋播种薯一般是在早春于阳畦中繁殖的。阳畦留种应于 1 月底至 2 月初播种，4 月底至 5 月初收刨。

3. 催大芽播种

秋季栽培要求播种后早生根、早出苗，以保证播种后少烂薯或不烂薯（因植株扎根后能够吸收足够的水、肥供幼芽生长，母薯已不重要了）。

阳畦薯到播种时一般都能通过休眠期，开始萌动，但这样的种薯还未达到最佳播种状态。因此，播种前要进行催芽。根据种薯解除休眠状况，可提前 15 ~ 20 天催芽。

催芽方法是，先将种薯用 3 ~ 5mg/kg 的赤霉素溶液浸泡 5 分钟（如果种薯已开始发芽，则不需用赤霉素处理，直接催芽即可），沥干水后再催芽。选择高燥、通风、阴凉的地方（如树阴下或敞棚下），用 2 ~ 3 层砖砌成长方形浅池（大小因种薯数量而定）。池底铺 5cm 潮湿沙子，然后摆一层种薯铺一层沙子，连续 2 ~ 3 层。最后覆盖潮湿的草苫遮阴。

催芽中应注意以下事项。催芽床不能直接受到太阳的照射。如果催芽场所没有自然遮荫条件，则应用竹竿搭架覆盖草苫来遮荫；不能用塑料薄膜等不透气材料来覆盖催芽床；不要让雨水直接淋到催芽床上；催芽床遭雨淋后，应马上用井水把催芽床浇透，并把床内的积水全部排走。

当幼芽长到 2.5 ~ 3cm 时，把种薯从沙中扒出来，摊在阴凉处（如室内）让幼芽见光变绿。优质壮芽的标准是，芽长 2.5 ~ 3cm，基部出现根点，幼芽粗壮并变绿。

4. "地面"播种

所谓"地面"播种就是按行距划一浅沟（3cm 左右），把种薯按株距播在沟内，然后培土起垄。培土厚度于春季相同。起垄后种薯离沟底较远。这种播种方式的优点，是在下雨垄沟积水时，种薯不会泡在雨水中，从而可以减少腐烂。

5. 适当密植

秋马铃薯出苗后气温逐渐降低，光照时间也逐渐缩短，因而植株生长较弱，植株高度比春季降低30%左右。因此，栽植密度应比春季大，一般密度为5 000~5 500株／亩，株行距为19cm×70cm。也可采用宽垄双行种植方式。即垄宽80~90cm，每垄播种两行，行距20cm，株距30~35cm。

6. 播种措施

以早晨气温和地温都比较低的时候播种较好。上午9：00以后，气温和地温都开始升高，播种覆土后土壤温度高易造成种薯腐烂。为降低土壤温度，播种后可在垄沟内栽植玉米秸。也可和玉米套种，利用玉米植株给马铃薯遮荫，以利于马铃薯出苗。

（二）田间管理技术要点

1. 播种后立即浇水

如果播种后土壤干旱或地温较高，应及时浇水，直到出苗，都应保持土壤湿润。在久旱不雨时，垄土受烈日暴晒，土温能升到40℃，这时更需要浇水，这是秋作保证种薯安全出苗的关键。但应当注意的是，播种后田间不能积水，下雨后应及时排水。如果田间积水时间长，土壤不透气，会导致种薯腐烂，造成缺苗断垄。

2. 及时划锄

每次浇水或下雨后都应及时划锄，以保证土壤透气，促进根系生长。如果出苗前土壤湿度大且板结，在3~5天内就会引起种薯腐烂。

3. 加强肥水管理

在秋分以前，日照较长、气温较高有利于植株茎叶生长；秋分以后，日照渐短、气温降低有利于块茎生长。因此，秋季生产中一般不会出现徒长现象。只要在前期能够促使植株正常生长，就能获得高产。为促进植株生长，在施足基肥的基础上，出苗后应抓紧追施一次氮肥。追施尿素 10kg/亩。

4. 及时培土

每次浇水或下雨后都应及时进行中耕，并结合中耕培两次土。第一次在植株 4～5 片叶时进行。第二次在植株 25cm 左右时进行。培土方法与春季相同。

第三节　滕州马铃薯膜上覆土技术

滕州市是典型的马铃薯中原二季作产区，目前，主要的栽培方式是春露地栽培、春拱棚栽培、秋露地栽培。由于地膜具有良好的增温效果、减湿保墒效果，并能有效防止土壤板结、增加土壤通透性，继而提高产量、增加收入，因此，除秋露地栽培外，目前，滕州市春季露地、拱棚共计 47 万亩马铃薯，均采用地膜覆盖栽培，主要种植流程为：

开沟→播种→穴施肥→覆土→覆盖地膜→人工放苗→田间管理→人工收获。

上述种植模式在选好种薯的条件下，对产量、效益影响最大的环节是人工放苗。由于地膜的韧性，马铃薯幼芽不能自行穿破地膜，地膜下温度在正午的时候可达 40℃以上，极易造成马铃薯幼芽的热害，严重者直接烫伤腐烂。因此，马铃薯幼芽刚刚露出地表的时候，就要进行人工破膜放苗，破膜要求放苗孔要小，并用土将破孔周围用土压严，以防止地膜下热气从苗孔处吹出，使马铃薯苗受热害及地膜下杂草的生长。受马铃薯出苗时间的限制，这一工序需要 4～5 遍，不但费工费时、增加了劳动强度和人力成本，而且容易出现因放苗不及时造成的高温烧苗及放苗质量不高造成的薯块青头率增加、膜下除草困难等问题。

在一家一户精细栽培条件下，农户可以不计成本地在人工放苗环节投入人工，但也无法完全保证放苗质量。在大面积、规模化种植马铃薯的情况下，无论人力成本，还是放苗质量，都将严重制约马铃薯生产。因此，如何克服破膜放苗环节对马铃薯生产的制约，成为推进全程机械化、提高马铃薯生产水平急需解决的突出问题。为此，我们对马铃薯膜上覆土技术进行研究，通过在地膜上覆一层土使马铃薯幼芽自行穿破地膜，在省去人工放苗环节、大大节约人力成本的同时，提高了马铃薯出苗率和生长势，增加了产量；降低了青头率，提高了商品性，增加了效益；通过配合膜下滴灌技术，改善了马铃薯生长微环境，降低了杂草、病虫为害，减少了农药使用量，提升了品质；同时，有利于机械化操作和规模化种植，对马铃薯产业发展具有革命性意义。

一、最佳覆土时间及覆土厚度

通过对各处理覆土厚度、覆土时间两因素进行横向、纵向地调查研究和对比分析，我们认为，对马铃薯进行膜上覆土，可以显著影响马铃薯的出苗整齐度、出苗时间、生育天数、植株长势、产量和效益。综合调查分析结果，得出结论：在马铃薯顶芽距离地表 2cm 时，于地膜上覆土 2～3cm（褐湖土覆土 2cm，砂姜黑土覆土 3cm）可以有效提高马铃薯的出苗率，出苗整齐，青头率低，商品薯率高，亩产量高，亩效益高。

二、膜上覆土栽培措施对马铃薯生长微环境的影响

在马铃薯顶芽距离地表2cm时，于地膜上覆土2～3cm可以改善马铃薯田间的微环境，避免土壤温度、含水量的剧烈变化，前期有利于马铃薯根系的生长，马铃薯植株健壮，后期正好为马铃薯薯块的膨大提供相对恒温、低温的环境，有利于马铃薯薯块的膨大，避免了畸形薯的发生；避免了6月上中旬高温天气烫薯，利于贮藏保鲜。同时，实施膜上覆土可有效减少杂草生长和虫害为害，对保证马铃薯产量具有积极作用。

三、膜上覆土技术对马铃薯栽培措施的要求

1. 马铃薯合理行株距

马铃薯密度的相关研究表明，马铃薯亩栽培株数在5 500株左右时，产量、商品性状、商品薯率等指标综合表现最佳，亩效益最高。因此，在保证亩株数5 500株的前提下，为适应机械化膜上覆土，必须将行距加宽。将马铃薯垄距调整为110cm、小行距调整为25cm、株距调整为22cm时，机手操作便利，上土厚度、均匀度较好，马铃薯植株长势强，收获时有效光合叶片数较多，田间马铃薯晚疫病、早疫病发病较轻，亩产量、商品薯率和亩效益均较高。

2. 膜下滴灌技术在马铃薯栽培上的应用

通过两种灌溉方式的比较可以看出，与传统的大水漫灌方式相比，膜下滴灌的灌溉方式可以显著的减轻马铃薯晚疫病、早疫病的发生程度，减少马铃薯田间杂草的为害，同时，灌溉更均匀、快速、省水、省电、省人工，水分利用率高，马铃薯生长更健壮、产量更高、效益更好。膜下滴灌方式更适于马铃薯的生产，特别是在规模化、集约化条件下全面推广使用。

第四节 马铃薯机械化栽培技术

一、马铃薯机械化栽培技术指导意见

（一）播前准备

1. 品种选择

我国马铃薯种植大致分为 4 个区域：北方一季作区、中原二季作区、南方冬作区、西南一二季混作区。北方一季作区为一年一熟制，是马铃薯的主要产区，面积和产量均占全国的 50% 以上；气候凉爽、日照充足、昼夜温差较大，适宜马铃薯生产；但降水量不均，主要以雨养为主，有灌溉条件的可发展规模种植；宜选择抗干旱、熟期适宜的中晚熟马铃薯品种，根据市场需求适当搭配早熟品种。中原二季作区无霜期较长，栽培马铃薯分春秋二季，面积约占全国的 5%，宜选择早熟品种。南方冬作区面积占全国的 8%，属海洋性气候，夏长冬暖，四季不分明，日照短，宜选短日型或对光照不敏感的品种。西南一二季混作区面积占全国的 37%，马铃薯生育期较长，因立体气候明显，种植品种多种多样。

2. 种薯处理

播种前，应针对当地各种病虫害实际发生的程度，选择相应防治药剂进行拌种处理。在切割薯块时，切刀需用药液处理。为适应机械化作业，防止种薯块间黏结，需用草木灰拌种。

3. 播前整地

北方一季作区和中原二季作区提倡前茬秋收后、土壤冻结前做好播前准备，包括深松、灭茬、旋耕、耙地、施基肥等作业，有条件的地区应采用多功能联合作业机具进行作业。大力提倡和推广保护性耕作技术。深松作业的深度以打破犁底层为原则，一般为 30～40cm；深松作业时间应根据当地降雨时空分布特点选择，以便更多地纳蓄自然降水；建议每隔 2～4 年进行一次。秸秆还田时，秸秆长度一般不宜超过 10cm。当地表紧实或明草较旺时，可利用圆盘耙、旋耕机等机具实施浅耙或浅旋，表土处理不超过 8cm。

南方冬作区因稻田地势低洼，土壤黏度大，应采取机械下管和机械筑埂等排灌措施。

西南一二季混作区在播前可进行机械旋耕作业，丘陵山地可采用小型微耕机具作业，平坝地区和缓坡耕地可采用中小型机具作业。对于黏重土壤，可根据需要实施深松作业，提高土壤的通透性。

（二）播种

适时播种是保证出苗整齐度的重要措施。当地下 10cm 处地温稳定在 8～12℃时，即可进行播种。合理的种植密度是提高单位面积产量的主要因素之一。各地应按照当地的马铃薯品种特性，选定合适的播量，保证亩株数符合农艺要求。应尽量采用机械化精量播种技术，一次完成开沟、施肥、播种、覆土（镇压）等多项作业，在不同区域可选装覆膜、铺滴灌管和施药装置。作业要求应符合有关标准。种肥应施在种子下方或侧下方，与种子相隔 5cm 以上，肥条均匀连续。苗带直线性好，便于田间管理。

目前，北方一季作区、中原二季作区垄作种植行距大多采用 40cm、50cm、70cm、75cm、80cm 或 90cm 等行距，建议逐步向 60cm、70cm、80cm 和 90cm 行距种植方式发展。西南一二季混作区应通过农田的修整、地块合并等措施，为机械化作业提供基础条件。南方冬作区应推广适合机械化作业的高效栽培模式，促进机械化发展。

（三）田间管理

1. 中耕施肥

在马铃薯出苗期中耕培土和花期施肥培土，应根据不同地区采用高地隙中耕施肥培土机具或轻小型田间管理机械，田间黏重土壤可采用动力式中耕培土机进行中耕追肥机械化作业。在沙性土壤垄作进行中耕培土施肥，可一次完成开沟、施肥、培土、拢形等工序。追肥机各排肥口施肥量应调整一致，依据种子施肥指导意见，结合各地目标产量确定合理用肥量。追肥机具应具有良好的行间通过性能，追肥作业应无明显伤根，伤苗率 < 3%，追肥深度 6～10cm，追肥部位在植株行侧 10～20cm，肥带宽度 > 3cm，无明显断条，施肥后覆盖严密。

2. 病虫草害防控

根据当地马铃薯病虫草害的发生规律，按植保要求选用药剂及用量，按照机械化高效植保技术操作规程进行防治作业。苗前喷施除草剂应在土壤湿度较大时进行，均匀喷洒，在地表形成一层药膜；苗后喷施除草剂在马铃薯 3～5 叶期进行，要求在行间近地面喷施，并在喷头处加防护罩以减少药剂漂移。马铃薯生育中后期病虫害防治，应采用高地隙喷药机械进行作业，要提高喷施药剂的对靶性和利用率，严防人畜中毒、生态污染和农产品农药残留超标。适时中耕培土，可减少田间杂草。

3. 节水灌溉

有条件的地区，可采用喷灌、膜下滴灌、垄作沟灌等高效节水灌溉技术和装备，按马铃薯需水、需肥规律，适时灌溉施肥，提倡应用一体化技术。

二、马铃薯机械化生产技术

马铃薯播种机械化技术是采用马铃薯专用播种机一次完成开沟、施肥、播种、喷药、起垄、铺膜、压膜等多道工序的机械化种植技术。春播马铃薯一般在 2～4 月，土壤 10cm 地温达到 7℃以上时，即可适时开展机械化播种；夏播马铃薯在麦收后即可择时播种。播种要单薯或单块点播或穴播，种植过程中应避免漏播，种植密度根据当地栽培模式确定。播种深度 8～15cm；覆土起垄高度 15～25cm；垄高 20～25cm，株距 20～35cm，垄距 60～65cm（一垄单行）、80～95cm（一垄双行）。播种合格率≥80%，种子破损率≤2.0%，种子破碎率：大型机不大于 2%，小型机不大于 1%；漏种指数≤13%，重种指数≤20%。目前，常见马铃薯播种机械多为一垄单行和一垄双行作业机械，配套动力为 5～25kw，作业幅宽 70～100cm，结构形式为悬挂式或牵引式，作业效率 2～3 亩/小时，具有一次性完成开沟、施肥、施药、播种、覆土、覆膜作业，机器型号主要有 2MB－1/2、2MB－2 型。

播种前，将拖拉机与播种机正确挂接；通过拖拉机上的悬挂装置调整播种机前、后、左、右平衡，使播种机和拖拉机同在一条中心轴线上；检查种箱与肥箱中有无杂物，加装种子和肥料，不要过满，避免在播种作业过程震荡撒落。试播时，按照农艺要求，调整播种和施肥深度、株距、行距、化肥施用量等。覆膜播种时，需要进行覆膜调整，首先将地膜安装在支架上，地膜距垄面 3~5cm，地膜在压膜桶下，距垄面 2~3cm。然后将两压膜轮压在地膜上，压力要适中，覆土铲的深浅视起土压膜的效果而定。

注意事项：机播作业时机具安装调试完成后尚需进行试播，待机组工作状态良好、作业质量符合要求后方可正式作业；播种机进入作业位置后应及时落下，机组要平稳起步、匀速前进；严禁机具在工作状态倒退、拐弯；随机工作人员要关注各工作部件的工作状态、作业质量、机件损伤等异常情况，发现问题及时停车处理，作业结束后全面清理、保养妥善存放。

第五节 马铃薯无公害栽培技术

一、无公害马铃薯的概念

商品马铃薯有害物质残留低于国家标准的，并通过有关部门认证称为无公害马铃薯，即指在良好的生态环境下，不施或少施化学肥料、农药等化工产品，通过农艺措施、生物防治措施来防治病虫草害，施用有机肥料和秸秆还田实现养分平衡，从而生产出无公害的马铃薯产品及加工产品。

二、生产无公害马铃薯的原因

我国"入世"和实行农产品市场准入制度后，对马铃薯的质量提出新的要求。无公害马铃薯是通过对生产过程的全程质量控制，实现马铃薯产品的无公害、安全、优质。它既可保护农业生态环境、保障食用安全、满足人民不断增长的物质生活需要、有利于人体健康，也是扩大出口占领国际农产品市场，提高马铃薯经济效益和马铃薯产业可持续发展的迫切需求。

三、生产无公害马铃薯的方法

生产无公害马铃薯概括讲主要包括两个方面。一是严格要求产地的环境条件。无公害马铃薯生产从控制基地环境入手，通过对基地及其周围环境监测，确保基地的大气、灌溉水、土壤背景值符合国家的无公害蔬菜生产基地环境质量标准，从而保证了无公害马铃薯产品产自良好的生态环境。二是生产过程的全程质量控制。无公害马铃薯生产必须实现产前、产中、产后的一体化质量管理，通过对产前生产资料（种子、肥料、农药等农业投入品）的监测，产中生产环节（栽培、灌溉、施肥、用药、收获、加工等）技术规程的实施以及产品质量和卫生指标的监测、包装储运等环节的控制，保证无公害马铃薯的质量。无公害马铃薯产地应选择在生态条件良好，远离污染源，并具有可持续生产能力的农业生产区域，并符合土壤环境质量的规定。

四、无公害马铃薯生产的环境标准

无公害马铃薯产地应选择在生态条件良好、远离污染源，并具有可持续生产能力的农业生产区域，并符合产地环境质量的规定。无公害马铃薯生产的产地环境条件主要包括空气、灌溉水、土壤等。

五、无公害马铃薯生产的施肥原则

以有机肥为主，如鲁腾公司生产的"沃地丰"牌生物有机肥，有限度地使用部分化学合成肥料，禁止使用硝态氮肥和氯化钾，有机氮与无机氮之比以 1:1 为宜，施用氮、磷、钾的比例是 5:2:11，实行配方施肥，平衡施肥。

六、无公害马铃薯生产病虫害防治的原则标准

以健身栽培为基础，优先使用生物防治，协调利用物理防治，科学合理应用化学防治，既要把马铃薯病虫害造成的损失控制在经济阈值以内，又要使农药残留符合标准。农业防治：因地制宜选用抗耐病品种，合理布局，实行轮作换茬，清除田间病残体，降低病虫基数。施用净肥，有机肥必须充分腐熟，不可用马铃薯病残体沤制土杂肥。浇净水，为防止水污染，推行"地龙"灌溉。物理防治：设置防虫网，采用银灰膜避蚜或黄板诱蚜，预防病毒病。生物防治：保护天敌，创造有利于天敌的环境条件，选用对天敌杀伤力低的农药，如吡虫啉、阿维菌素类农药。药剂防治：推行使用高效、低毒、低残留农药，禁止使用高毒、高残留农药，使用药剂防治时严格按照 GB4285、GB/T8321 规定执行。无公害马铃薯安全使用农药标准如表 4-5 所示。

表 4-5　马铃薯安全使用农药标准

种类	防治对象	最大用药剂量（倍）	施用方法	最多使用次数（次）	安全间隔期（天）
50%辛硫磷乳油	地下害虫	3 750 mg/hm^2	拌豆饼	1	7
阿维菌素类	蚜虫、螨类	1 000	喷雾		
1.8%藜芦碱水剂	蚜虫、螨类	800	喷雾		

续表

种类	防治对象	最大用药剂量（倍）	施用方法	最多使用次数（次）	安全间隔期（天）
Bt，8010	地老虎		喷雾或毒饵		
高效 BT	地老虎		喷雾或毒饵		
90%敌百虫	地老虎		毒饵		
70%代森锰锌	早、晚疫病	500	喷雾	3	15
80%新万生WP	早、晚疫病	500	喷雾	4	10
77%可杀得2 000	早、晚疫病	500	喷雾	3	7
72%克露WP	晚疫病	800	喷雾	2	7
58%雷多米尔WP	早、晚疫病	800	喷雾	2	7
52.5%抑快净水分散粒剂	晚疫病	1 500	喷雾	2	5
1%武夷菌素水剂	晚疫病	600	喷雾	2	2
72%农用链霉素	青枯病	2 000	灌根	2	3
农抗 120	早、晚疫病	600~800	喷雾	2	5

第五章

马铃薯的病虫害防治

一些局部发生的危险性病虫草害，可随马铃薯块茎尤其是种薯的调运而传播蔓延，目前，列入全国植物检疫对象名单中，危害马铃薯的危险性病虫草害有：马铃薯癌肿病、马铃薯甲虫、美洲斑潜蝇、菟丝子等，山东省补充检疫对象名单有马铃薯块茎蛾。其他省补充检疫对象名单还有马铃薯粉痂病、马铃薯环腐病等。根据国家法律法规规定，马铃薯种薯在调运之前，必须经过检疫，商品薯在运出发生疫情的县级行政区域之前，必须经过检疫。下面介绍几种病虫害及其防治方法：

（一）细菌性病害

1. 环腐病

马铃薯环腐病又名转圈烂、黄眼圈，病原菌为棒状细菌，为害马铃薯的维管束组织，造成死苗死株、薯块腐烂。环腐病分为枯斑和萎蔫两种类型。枯斑型多在植株基部复叶的顶叶先发病，叶尖和叶缘及叶脉呈绿色，叶肉为黄绿或灰绿色，具明显斑驳，且叶尖干枯或向内纵卷，病情严重时向上扩展，致全株枯死；萎蔫型初期则从顶端复叶开始萎蔫，叶缘稍内卷，似缺水状，病情严重时向下扩展，全株叶片开始褪绿，内卷下垂，终致植株倒伏枯死。当横切植株茎基部时，可见维管束呈浅黄色或黄褐色，有乳状物溢出。感病块茎维管束软化，呈淡黄色，切开后可见维管束变为乳黄色至黑褐色，皮层内出现环形或弧形坏死部分。发病严重的块茎挤压时，维管束部分与薯肉分离，组织崩溃呈颗粒状，并有乳黄色菌脓溢出。经贮藏，块茎芽眼变黑干枯或外表爆裂，播种后不出芽或出芽后枯死或形成病株。重病株出苗稍晚，有的早期枯死或呈现早期矮缩病苗，不结薯或结少量小薯。轻病株一般前期生长正常，现蕾开花后症状陆续表现为萎蔫。带菌种薯是环腐病的初侵染来源，切块播种时由切片带菌可以扩大侵染来源。

在马铃薯生长期间土壤、昆虫、流水及接触传染的概率很小，因此，选用无病种薯、小整薯播种可有效控制马铃薯环腐病的发生（图5-1）。

图5-1 马铃薯环腐病

2. 青枯病

青枯病在田间表现萎蔫的症状可发生于马铃薯生长的任何时期。植株患病后从下向上发展，白天叶片萎蔫，晚上恢复正常，从植株患病到全株萎蔫 2~3 天，但叶片仍保持绿色，称为青枯。叶柄和茎部、块茎维管束变色，切开块茎可见维管束环呈褐色或暗褐色，俗称"黑眼圈"，有污白色菌脓溢出，有时块茎的芽眼处也有白色菌脓溢出，但挤压时薯肉和皮层不分离，可与环腐病区别（图 5-2）。

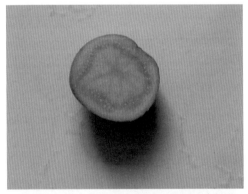

图 5-2 马铃薯青枯病

马铃薯青枯病病原菌为青枯假单胞杆菌，是一种细菌性病害。寄主范围很广，侵染黄姜、导致姜瘟病，侵染番茄、茄子、辣椒等茄科类作物和花生、菜豆、萝卜、芝麻等作物导致青枯病。初侵染来源主要是土壤，病原菌可在土中存活 1 ~ 6 年，通过灌溉水或雨水传播，从茎基部或根部伤口入侵。带病种薯、病残体、切刀、植株根系互相接触，农业操作等也可传病。防治马铃薯青枯病要采取以下综合措施：

（1）选用抗病品种和无病种薯，采用整薯播种。

（2）与葱、蒜或禾本科作物轮作 3 年，避免与姜、茄科类作物、花生、大豆等连作。

（3）高畦栽培，多施有机肥和钾肥，不选用病薯秧和病土沤制的有机肥。

（4）切刀消毒和薯块消毒（见晚疫病防治）。对于零星发生的病田，可采用土壤熏蒸剂进行土壤消毒。具体方法：生长期对病株位置做好标记，收获后在病株为中心的每平方米内，打孔 25 个，孔深 20cm，每孔灌氯化苦 2ml，共灌 125ml，随灌随盖土，并踏实、泼水，防止药液挥发。注意要在下茬种植前 15 天翻地，待药液完全散尽后才可种植下茬作物。

（5）加强田间管理。做好田间排水，合理灌水，不浇大水、串水，防止水源污染。及时拔除中心病株，连同病穴土带出田外，病穴撒石灰消毒。收获后彻底清洁田园。

（6）药剂防治。发病初期可选用农用链霉素或新植霉素 5 000 倍液、50% 氯溴异氰尿酸可溶性粉剂（消菌灵）1 200 倍液喷雾或灌根，或铜制剂（可杀得、冠菌铜、科博、多宁、DT、绿乳铜、铜高尚、铜大师等）喷雾或灌根，每穴灌液

0.5kg，每7～10天施药一次，连施2～3次。也可选用青枯病拮抗菌灌根。

3. 黑胫病和软腐病

马铃薯黑胫病俗称黑脚病、茎基腐病，是马铃薯细菌性软腐病害的一种，致病菌为欧氏杆菌。主要通过带菌种薯传播。感染黑胫病重的种薯，播种后一般多腐烂，不能出苗，出苗后的植株一般在苗期至花期死亡。染病轻的植株表现矮化，生长衰弱，叶片褪绿黄化，并向上卷曲，植株僵直，地下茎基部变黑易断，黑色部分大多软腐。该病也可通过匍匐茎向下发展，传到块茎，块茎软腐并带有酸臭气味。防治方法可参看马铃薯青枯病。

（二）真菌性病害

1. 晚疫病

晚疫病主要侵染马铃薯的叶、茎、块茎。叶片上发病多从叶缘开始产生褐色病斑，轮廓不明显，边缘呈水渍状，有一圈状似轮状的白色霉层，有时叶面和叶背的整个病斑上也长有茂密的白霉，形成此种霉轮，这是本病的特征，干燥时病斑边缘不产生白霉。诊断方法：将带病斑的叶子的叶柄插在碗内湿沙里，上盖一空碗保持湿润，如是晚疫病，经一夜病斑边缘就会长出白霉。茎部受害，产生稍凹陷的黑色条斑。气候条件适宜，病害迅速蔓延，受害的植株茎叶枯烂黑腐，似开水泼过一样。块茎染病初生褐色或紫褐色病斑，稍凹陷，在皮下呈红褐色，逐渐向周围和内部发展，严重的可使整薯烂掉（图5-3）。

图 5 - 3 马铃薯晚疫病

马铃薯晚疫病对温度适应范围较广，鲁南二季作区马铃薯栽培期，温度一般不低于10℃，适宜晚疫病发生，湿度对病害的发生起着决定作用。相对湿度持续保持饱和或近于饱和，才能产生孢子囊，孢子囊萌发需在水滴水膜中进行，孢子囊对紫外线敏感，晴朗天气阳光紫外线可杀死孢子。据专家研究，该病的顺利侵染需要一系列气候条件的配合，就是从夜间起，相对湿度饱和并持续到次日下午，其间日照不超过2小时，午后12：00～18：00，马铃薯叶片要保持湿润数小时。这样的气候条件，露地栽培只有在空气潮、暖而阴、多露、多雾的天气，加以连续阴雨的情况下才会出现。如天气连续晴朗干燥，病害便不会流行。设施栽培发病条件易于满足，发生一般比露地重，可人工通风排湿，控制病害发生。晚疫病发生与马铃薯生育阶段也有密切的关系，马铃薯开花结薯前抗病性较强，以后抗病力迅速下降。开花后中心病株出现，是该病流行的前兆。不同品种对马铃薯的抗性差异较大，选用高抗品种是最有效的防治措施。目前，广泛种植的鲁引一号、津引薯八号、荷兰十五等均不抗晚疫病（图5－4）。

晚疫病的防治：根据晚疫病的发生、流行特点，采取选用无病种薯，杜绝病菌来源为主的综合防治，是目前控制危害的有效措施。

（1）选用无病种薯，要把好5关。①建立无病留种田，采用无病田的种薯。如留种田出现中心病株，及时控制，生长后期晚疫病流行前，可喷洒克无踪药剂，及早灭秧，使叶片干枯不能染病，从而减少和清除侵染块茎的菌源。②收获时，仔

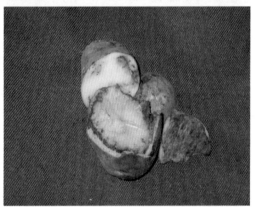

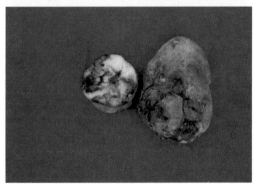

图5-4 马铃薯晚疫病

细挑选无病薯，淘汰病薯。③种薯在贮藏期间，选晴天倒袋2~3次，剔除在贮藏期显症的病薯，并晾晒数日。④种薯切块前仔细挑选，把病薯淘汰掉。⑤种薯切块时再选一次，把外表无病状切开后表现病症的病薯去掉。

（2）切块用药浸种后催芽。用52.5%抑快净水分散粒剂1 500倍液浸种10分钟。

（3）及时喷药防治。马铃薯生长期要做好晚疫病的预测预报，及时发现中心病株，割秧或摘掉病叶就地深埋，或以1%~2%的硫酸铜液将病株的叶子全部杀死。处理中心病株后，发病田立即喷施药剂，第一遍要选用内吸治疗药剂，以后视病情发展喷施保护性杀菌剂或内吸治疗药剂，喷洒的次数视天气条件而定，每隔7天喷药1次，一般连喷2~3次。

（4）加强栽培管理。要避免在低洼地和黏重的地块种植马铃薯，否则要做好培土和排水工作。设施栽培马铃薯要做好通风排湿工作，创造有利于马铃薯生长而不利于晚疫病发生的生态环境条件。发病地块，在收获前应将地上部茎叶全部割下运出田外处理，以减少病菌侵染块茎的机会。

防治马铃薯晚疫病药剂的喷雾浓度：

治疗兼保护性杀菌剂有：

52.5%抑快净水分散粒剂2 000~3 000倍液；

72%霜脲锰锌（克露）可湿性粉剂500~700倍液；

72.2%霜霉威（普力克）水剂800倍液；

58%甲霜灵锰锌（雷多米尔锰锌）可湿性粉剂500~700倍液；

70%呋酰·锰锌（百德富）可湿性粉剂500~700倍液；

64%恶霜锰锌（杀毒矾）可湿性粉剂400~500倍液；

69%烯酰·锰锌（安克锰锌）水分散粒剂600~800倍液；

90%乙磷铝可湿性粉剂 400~500 倍液。

保护性杀菌剂有：

68.75%易保水分散粒剂 800~1 200 倍液；

氢氧化铜（可杀得、冠菌铜、丰搞安等）77%可湿性粉剂 500 倍液或 53%干悬浮剂 1 000 倍液；

75%百菌清（达科宁）可湿性粉剂 600 倍液；

45%苯乙锡·锰锌可湿性粉剂（薯瘟消）500~700 倍液；

86. 2%氧化亚铜可湿性粉剂（铜大师）1000~1500 倍液，在发病前或发病初期，隔 7~10 天 1 次，连喷 3~4 次；

70%丙森锌可湿性粉剂 500~700 倍喷雾，隔 5~7 天 1 次，连喷 3 次；

80%代森联可湿性粉剂 400~600 倍液，发病初期喷洒，连喷 3~5 次；

代森锰锌类（大生、新万生、喷克等）80%或 70%可湿性粉剂 400~500 倍液；波尔多液类（科博、多宁、必备等）300~400 倍液。

设施栽培也可适用粉尘剂防治，有 5%百菌清粉尘剂、5%加瑞农粉尘剂、5%克露粉尘剂，每公顷次 15kg。

以上药剂可视情况轮流交替使用，不要长期单一使用同一药剂，以免产生抗性。

2. 早疫病

叶片出现近圆形褐色病斑，内有同心轮纹，这种病害叫马铃薯早疫病，致病菌是一种链格孢菌真菌，初侵染来源主要是土壤中的病残体，通过风雨传播。在气温偏高、植株生长衰弱的情况下发病严重（图 5-5）。

图5-5　马铃薯早疫病

防治早疫病要加强健身栽培，合理灌溉、施肥，增强植株抗病力。病株率达5%时，开始药剂防治，可选用50%或70%甲基硫菌灵（甲基托布津）可湿性粉剂700倍液、50%苯菌灵可湿性粉剂1 000倍液、50%多菌灵可湿性粉剂500倍液、70%代森锰锌可湿性粉剂400~500倍液、80%代森锰锌（大生、喷克）可湿性粉剂600~800倍液喷雾，隔7~10天1次，连喷2~3次，可结合防治晚疫病一并防治。

3. 疮痂病

马铃薯块茎"长疥"是马铃薯疮痂病菌所致。马铃薯疮痂菌为疮痂链霉菌，属放线菌，土壤和带病种薯为初侵染来源，主要为害薯块。初在薯块表面产生褐色小斑点，后扩大为近圆形至不规则形的木栓状病斑。常多个病斑汇合成片，表面粗糙，呈疮痂状硬斑，群众称之为长"疥"，病斑仅限于薯皮，不侵入薯肉。还有一种病害为马铃薯粉痂病，是一种低等真菌病害，与疮痂病主要区别是病斑侵入皮下组织，皮下组织深红色，散出大量深褐色粉状物，仅在个别地区发生，为一种检疫对象（图5-6）。

图5-6 马铃薯疮痂病

防治方法：一是种植抗病品种如鲁引一号等；二是建立无病留种田，选用无病种薯；三是发病严重田实行轮作；四是增施有机肥，选用酸性肥料；五是块茎用福尔马林 120 倍溶液浸 4 分钟，用清水洗净后，捞出晾透，切忌带芽浸种消毒；六是生长期间保持土壤湿度，防止干旱。

4. 镰刀菌萎蔫病和干腐病

镰刀菌萎蔫真菌是土壤中存在的一种病害，不同的镰刀菌种分布广泛，引发各种问题，温暖的温带适宜此病害的发生。

症状是底部叶片黄化，上部叶片有退绿斑驳并萎蔫。茎的维管束组织和块茎将脱色，块茎表现出薯种内部或外部的脱色，如顶部和芽眼的褐色凹陷坏死和圆环状的腐烂区，温暖气候增加萎蔫。某些镰刀菌小种变成系统性的，而且随种薯传播。

干腐病是最为严重的贮藏期间的病害。块茎起初出现黑色、稍凹陷的病斑，后来将扩大到整个表面，留下相间分布的凹陷洞，由于菌种的不同而有不同颜色的菌丝体，腐烂的边界非常清晰。在块茎的表面出现同心轮纹，外部菌丝体清楚可见，块茎干枯时变硬，在潮湿条件下，再次腐烂。侵染从收获和搬运造成的伤口上开始，初期在 15℃，95% 的相对湿度下促进伤口的栓化，比低温贮藏更能降低该病害。若切过的种薯愈合不好，在不良条件下可发生腐烂。植株可能不出苗或很弱，然后枯萎和死亡（图 5－7）。

防治：使用无病种薯，良好水分管理和轮作。用化学保护剂处理切块的种薯。

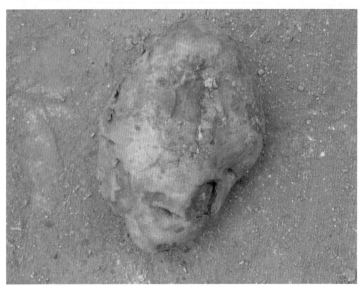

图5-7 马铃薯干腐病

（三）检疫病害

1. 马铃薯癌肿病

马铃薯癌肿病的症状主要发生在地下部位，但根部不受侵害。地下茎和茎上的幼芽、匍匐茎和块茎皆可受到侵染，表现超强的生长活力，导致癌肿的形成。

被害块茎或匍匐茎由于病菌刺激寄主细胞不断分裂，形成大大小小花菜头状的瘤，表皮常龟裂，癌肿组织前期呈黄白色，后期变黑褐色，松软，易腐烂并产生恶臭。病薯在窖藏期仍能继续扩展为害，甚者造成烂窖，病薯变黑，发出恶臭。地上部，田间病株初期与健株无明显区别，后期病株较健株高，叶色浓绿，分枝多。重病田块部分病株的花、茎、叶均可被害而产生癌肿病变。

病菌内寄生，其营养菌体初期为一团无胞壁裸露的原生质（称变形体），后为具胞壁的单胞菌体。当病菌由营养生长转向生殖生长时，整个单胞菌体的原生质就转化为具有一个总囊壁的休眠孢子囊堆，孢子囊堆近球形，大小 $47\mu m \times 100\mu m \sim 78\mu m \times 81\mu m$，内含若干个孢子囊。孢子囊球形，锈褐色，大小 $(40.3 \sim 77)$ $\mu m \times$ $(31.4 \sim 64.6)$ μm，壁具脊突，萌发时释放出游动孢子或合子。游动孢子具单鞭毛，球形或洋梨形，直径 $2 \sim 2.5\mu m$，合子具双鞭毛，形状如游动孢子，但较大。在水中均能游动，也可进行初侵染和再侵染。

病菌以休眠孢子囊在病组织内或随病残体遗落土中越冬。休眠孢子囊抗逆性很强，甚至可在土中存活 $25 \sim 30$ 年，遇条件适宜时，萌发产生游动孢子和合子，从寄主表皮细胞侵入，经过生长产生孢子囊。孢子囊可释放出游动孢子或合子，进行重复侵染，并刺激寄主细胞不断分裂和增生。在生长季节结束时，病菌又以休眠孢子囊转入越冬（图 5 - 8）。

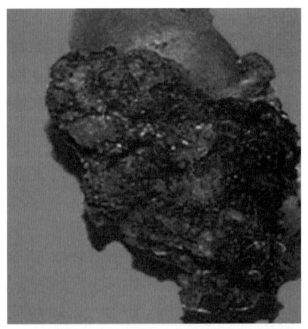

图 5 - 8 马铃薯癌肿病

病菌对生态条件的要求比较严格，在低温多湿、气候冷凉、昼夜温差大、土壤湿度高、温度在 12～24℃ 的条件下有利于病菌侵染。本病目前主要发生在四川、云南等省，而且疫区一般在海拔 2 000m 左右的冷凉山区。此外土壤有机质丰富和酸性条件有利于发病。

防治方法如下：

（1）严格检疫，划定疫区和保护区。严禁疫区种薯向外调运，病田的土壤及其上生长的植物也严禁外移。

（2）选用抗病品种，品种间抗性差异大，中国云南的马铃薯"米粒"品种表现高抗，可因地制宜选用。

（3）重病地不宜再种马铃薯，一般病地也应根据实际情况改种非茄科作物。

（4）加强栽培管理做到勤中耕，施用净粪，增施磷钾肥，及时挖除病株集中烧毁。

（5）必要时病地进行土壤消毒。

（6）及早施药防治，坡度不大、水源方便的田块于 70% 植株出苗至齐苗期，用 20% 三唑酮乳油 1 500 倍液浇灌；在水源不方便的田块可于苗期、蕾期喷施 20% 三唑酮乳油 2 000 倍液，每亩喷兑好的药液 50～60L，有一定防治效果。

2. 马铃薯粉痂病

马铃薯粉痂病主要为害块茎及根部，有时茎也可染病。块茎染病初在表皮上现针头大的褐色小斑，外围有半透明的晕环，后小斑逐渐隆起、膨大，成为直径 3～5mm 不等的"疱斑"，其表皮尚未破裂，为粉痂的"封闭疱"阶段。后随病情的发展，"疱斑"表皮破裂、反卷，皮下组织现橘红色，散出大量深褐色粉状物（孢子囊球），"疱斑"下陷呈火山口状，外围有木栓质晕环，为粉痂的"开放疱"阶段。根部染病于根的一侧长出豆粒大小单生或聚生的瘤状物。

粉痂病"疱斑"破裂散出的褐色粉状物为病菌的休眠孢子囊球（休眠孢子团），由许多近球形的黄色至黄绿色的休眠孢子囊集结而成，外观如海绵状球体，直径 19～33μm，具中腔空穴。休眠孢子囊球形至多角形，直径 3.5～4.5μm，壁不太厚，平滑，萌发时产生游动孢子。游动孢子近球形，无胞壁，顶生不等长的双鞭毛，在水中能游动，静止后成为变形体，从根毛或皮孔侵入寄主内致病。游动孢子及其静止后所形成的变形体，成为本病初侵染源。

病菌以休眠孢子囊球在种薯内或随病残物遗落在土壤中越冬，病薯和病土成为翌年本病的初侵染源。病害的远距离传播靠种薯的调运；田间近距离传播则靠病土、病肥、灌溉水等。休眠孢子囊在土中可存活 4～5 年，当条件适宜时，萌发产生游动孢子，游动孢子静止后成为变形体，从根毛、皮孔或伤口侵入寄主；变形体在寄主细胞内发育，分裂为多核的原生质团；到生长后期，原生质团又分化为单核的休眠孢子囊，并集结为海绵状的休眠孢子囊球，充满寄主细胞内。病组织崩解后，休眠孢子囊球又落入土中越冬或越夏。

土壤湿度 90% 左右，土温 18～20℃，土壤 pH 值 4.7～5.4，适于病菌发育，因而发病也重。一般雨量多、夏季较凉爽的年份易发病。本病发生的轻重，主要取决于初侵染及初侵染病原菌的数量，田间再侵染即使发生也不重要（图 5-9）。

防治方法如下：

（1）严格执行检疫制度，对病区种薯严加封锁，禁止外调。

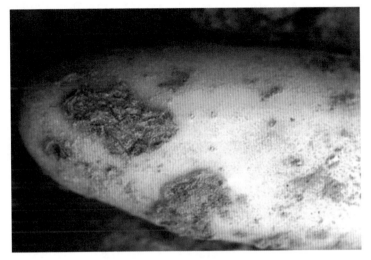

图 5 - 9　马铃薯粉痂病

（2）病区实行 5 年以上轮作。

（3）选留无病种薯，把好收获、贮藏、播种关，剔除病薯，必要时可用 2% 盐酸溶液或 40% 福尔马林 200 倍液浸种 5 分钟或用 40% 福尔马林 200 倍液将种薯浸湿，再用塑料布盖严闷 2 小时，晾干播种。

（4）增施基肥或磷钾肥，多施石灰或草木灰，改变土壤 pH 值。加强田间管理，提倡高畦栽培，避免大水漫灌，防止病菌传播蔓延。

（四）生理病害

1. 低温冷害对马铃薯的影响及预防

低温对马铃薯生长发育产生的危害：低温对马铃薯的幼苗、成株和贮藏中的块茎，都能造成不同程度的危害。春薯幼苗期如出现 0℃ 或 0℃ 以下气温时，马铃薯幼苗就会发生冻害，受害程度因低温程度和持续时间而异。受害后的幼叶首先萎蔫变褐，进而枯死，轻微受冻，而没有凋萎的叶片停止生长，变成黄绿色，并皱缩、畸形，以后逐渐枯萎，接着从没有受冻的茎节上产生新的枝条和叶片，但生长缓慢，严重推迟了生育进程。秋季早霜由于造成落叶、提早枯死，影响光合作用和光合产物向块茎中输送，而降低了产量和淀粉含量。贮藏中的块茎，长期在0℃左右低温下，淀粉大量转化为糖，1～3℃条件下长期（半年左右）贮藏，薯肉切开后10～30分钟会变成棕褐色；急剧低温的变化，或出现0℃以下低温，会造成维管束环变褐色或薯肉变黑，严重者块茎内皮层部分的薄壁细胞受到破坏，造成薯肉脱水萎缩。

马铃薯受冻后可采取以下措施：①及时浇水，增加棚内湿度，保持茎叶水分，以利茎叶恢复生长，禁止大水漫灌；②控制温度，棚温上升到15℃时应通风，使棚温不超过25℃；③冻害严重的植株要及早喷施生长促进剂，如细胞分裂素、"九二〇"等，促进植株尽快生长；④马铃薯受冻后，抵抗力弱，加上棚内水分充足，很容易感染病害，应注意防治病虫害。

马铃薯受冻害后枝叶丛生，是因为马铃薯主茎生长点受冻害死亡后，打破了顶端优势，易从基部叶腋长出许多新的分枝，呈丛生。马铃薯每长出一个侧枝，地下根部便会生长出一个或多个匍匐茎，呈丛生的马铃薯结薯多而零碎。因此，要及早抹去长势差的多余侧枝，每株留1～2个生长健壮的茎。

需要注意的是：马铃薯受冻害后捂棚是不科学的。马铃薯遭受冻害后，有部分农户捂棚提温，认为受冻害后应该提高棚温，温度越高植株恢复越快。但结果恰恰相反，温度升高过快，受冻茎叶更容易失水干枯，不利于恢复生长，造成死苗。捂棚后棚内湿度大、温度高，晚疫病易发生流行。所以，受冻后一定不能捂棚促长，应适当通风。

2. 农药使用不当对马铃薯的影响

马铃薯田选择的除草剂：马铃薯田使用化学除草剂成本低，省工省时，增产显著。特别是地膜覆盖面积越来越大，膜下用药一般效果都较好。近几年，马铃薯田除草剂品种很多，效果比较安全理想的有：施田补、都尔、乙草胺、菜草通等，这些除草剂基本上能够防除马铃薯田大部分杂草，但对部分阔叶杂草，如马齿苋（马蜂菜）、黎（灰灰菜）、苋（银银菜）等，效果较差。

误用或过量使用除草剂：除草剂种类很多，有些农户对农药知识缺乏了解，误用或过量使用除草剂造成损失。如误用除草剂应及时对症采取补救措施。超量使用会使叶片发硬、不开叶、生长慢，发生这种情况，应尽早揭膜，通风换气，排出有毒气体，减轻危害。利用解害灵、赤霉素或其他叶面肥等进行叶面喷施 1 ~ 2 次，也可用质量分数为 20×10^{-6} 赤霉素 + 0.3% 尿素 + 0.3% 磷酸二氢钾水溶液喷雾，危害严重的应及时改种其它作物。

3. 马铃薯畸形薯的产生及预防

常见的块茎畸形有：①块茎不规则延长，形成长形或葫芦形；②块茎顶端萌发出匍匐茎，其顶端膨大形成子薯，有时子薯顶芽再萌发形成 2 次或 3 次、4 次生长，最后结成链状薯；③块茎顶芽萌发形成枝条穿出地面；④芽眼部位发生不规则突出；⑤皮层或周皮发生龟裂。

畸形薯形成的原因主要是块茎的生长条件发生变化、马铃薯感染纺锤块茎类病毒、使用激素浓度过大所造成的。块茎在生长时条件发生变化如干旱等，生长受到抑制，暂时停止了生长，环境条件得到恢复，块茎也恢复生长，这时进入块茎的有机营养，又重新开辟贮存场所，就形成了明显的 2 次生长，出现畸形块茎。总之，不均衡的营养或水分，极端的温度，以及冰雹、霜冻等灾害，都可以导致块茎的二次生长。不同品种块茎畸形表现存在差异。

防止马铃薯块茎的 2 次生长，应增施有机肥料，增强土壤的保水、保肥能力；根据马铃薯不同生育阶段的需水情况，适时适量灌溉；加强中耕培土，减少土壤水分蒸发；选择抗旱、不易发生 2 次生长的品种。

4. 块茎的指痕状伤害和压伤及预防

指痕状伤害是指收获后的块茎，其表面常有较浅（1～2mm）指痕状裂纹，多发生在芽眼稀少的部位。指痕伤主要是块茎从高处落地后，接触到硬物或互相强烈撞击、挤压造成的伤害。一般收获较迟，充分成熟的块茎以及经过短期贮藏的块茎更易发生指痕伤。由于指痕伤的伤口较浅，易于愈合，很少发生腐烂现象，如能在块茎运输或搬运时，适当提高温度，使其尽快愈合，可以减少危害。

压伤的发生是块茎入库时操作过猛，或堆积过厚，底部的块茎承受过大的压力，造成块茎表面凹陷。伤害严重时则不能复原，并在伤害部位形成很厚的木栓层，其下部薯肉常有变黑现象。提早收获的块茎，由于淀粉积累较少，更易发生这种压伤。

为防止指痕伤和压伤的发生，在收获、运输和贮藏过程中，块茎不要堆积过高。尽量避免各种机械损伤和块茎互相撞击。

5. 块茎的周皮损伤、脱落及预防

块茎周皮脱落是指块茎在收获时或收获后的运输、贮藏或其他作业时，造成块茎周皮的局部损伤或脱落。脱落的周皮处变暗褐色，影响块茎商品品质。

周皮脱落的原因是由于土壤湿度过大，或氮素营养过多，或日照不足，或收获过早等，块茎周皮很嫩，尚未充分木栓化，易于损伤。

防止周皮脱落，应在马铃薯生育过程中避免过多施用氮肥、收获前停止灌溉等。收获后的块茎要进行预贮，促使块茎周皮木栓化。收获和运输过程中，要轻搬轻放，避免块茎之间撞击和摩擦。

6. 马铃薯块茎皮孔裸露及预防

在正常情况下，块茎的皮孔很小，不甚明显。马铃薯块茎膨大期或收获前、土壤水分过多或贮藏期间湿度过大、通气不良，块茎得不到充足的氧气进行呼吸或气体交换，因而皮孔胀大突起，皮孔周围的细胞裸露，这既影响块茎的商品品质，又易被细菌侵入，导致块茎腐烂。

为防止皮孔胀大、细胞裸露，在马铃薯生育期间，要高培土、起高垄；生育后期要控制浇水；多雨天气，及时进行排水，避免田间积水；块茎成熟，及时收获；收获后的块茎要进行预贮；贮藏期间适当通风，避免窖内湿度过大。

7. 马铃薯绿皮（青皮）块茎产生的原因及预防

马铃薯的绿皮块茎是由于块茎长时间暴露于光下引起的。在马铃薯生育期间，由于培土少或不及时，或垄受暴雨冲刷，或田间机械作业等使垄上的土塌下，垄中生长的块茎裸露，薯皮见光后变绿。裸露于垄外的块茎，则不能正常膨大。块茎贮藏期间，窖内的散射光或照明灯虽然光线微弱，长时间能使块茎薯皮变绿。绿皮块茎产生叶绿素和龙葵素（茄素），龙葵素是一种有毒物质，人吃多了会中毒，引起呕吐。因此，绿皮块茎失去食用价值和商品性，但作种薯用的块茎，薯皮变绿时，可减少细菌的感染和腐烂，不影响种用质量。

防止绿皮块茎发生的措施如下：

（1）及时中耕培土。马铃薯生长过程中应及时培土，垄作时要培成"方肩大垄"，创造块茎在土壤中膨大、生长的良好条件，避免块茎露出垄外，薯皮见光变绿。

（2）避光作业。食用薯或加工用的原料薯在收获和运输过程中，及时覆盖，避光作业。在贮藏过程中，也要避免散射光长时间对块茎的照射。但品种间对光的敏感性不同，如费乌瑞它对光非常敏感，薯皮见光很易变绿；克新4号对光则不敏感。因此还应针对品种对光的反应特性，采取相应的措施。

8. 马铃薯块茎产生空心的原因及预防

把马铃薯切开，整个块茎中心有一个空腔，呈放射的星状，空腔壁为白色或浅棕色，煮熟吃时会感到发硬发脆。造成的原因是：块茎膨大过快，光合作用制造的干物质运送到块茎中速度跟不上块茎膨大的速度，髓细胞死亡，造成空心。

防止马铃薯空心的措施：块茎膨大期保持适宜的土壤湿度，合理密植，增施钾肥等。空心也与品种特性有关，有些品种易发生空心。

9. 块茎黑心形成的原因及预防

块茎黑心是运输或贮藏过程中，通风不良，内部供氧不足造成的。其症状是在块茎中心部出现由黑色至蓝色的不规则花纹。缺氧严重时整个块茎都可能变黑。通常病组织与健康组织边界较明显。黑心病的出现还与温度有关。一般来说，在较低的温度下，症状发展较慢，然而在 0 ~ 2.5℃ 下，又比在 5℃ 下发展快。另外，在 30 ~ 40℃ 和 0℃ 的极端温度下，也都极易出现黑心病，其主要原因是因为氧气不易迅速地通过组织进行扩散。

预防黑心病的主要方法是注意贮藏期间薯堆保持良好的通气性，并保持适宜的贮藏温度。

10. 雾对马铃薯生产的影响及措施

雾是气温下降时，近地面空气中水蒸气凝结而形成的悬浮微小水滴。雾天有利于马铃薯晚疫病的发生流行，一旦天气预报有雾，可于起雾前，在地块上风头燃柴放烟，消除雾气，以减轻雾对马铃薯的影响，及时喷施甲霜灵锰锌、克露等防治晚疫病的药剂。

（五）虫害

1. 蚜虫

蚜虫在我国分布广泛，为害马铃薯的蚜虫主要有桃蚜、马铃薯蚜等。

蚜虫对马铃薯为害有两种情况：第一种是直接为害。蚜虫群居在叶子背面和幼嫩的顶部取食，刺伤叶片吸取汁液，同时，排泄出一种黏物，堵塞气孔，使叶片皱缩变形，幼嫩部分生长受到妨碍，直接影响产量；第二种是取食过程中，例如，桃蚜，把病毒传给健康植株，引起病毒病，造成退化现象，还会使病毒在田间扩散，使更多植株发生退化。另外，有时也为害贮藏期间块茎的幼芽，从而将病毒传给病薯。

马铃薯蚜虫防治方法如下：

（1）农业措施防治。及时清除田间杂草；利用灌溉，及时清理越冬场所。

（2）生物防治。利用蚜虫的天敌是有效的生物防治手段。瓢虫科的甲虫和食蚜虫的黄蜂以蚜虫为食，也可利用蚜霉菌防治蚜虫。

（3）药剂防治。一是穴施内吸颗粒杀虫剂，用 70% 灭蚜松可湿性粉剂，在播种时穴施于种薯周围，每 $667m^2$（1 亩）用 90g，控蚜残效期可到 60 天；或用 3% 乙拌磷颗粒剂，每 $667m^2$（1 亩）用 2 ~ 2.7kg，控蚜残效期可达 70 天，并可结合防治晚疫病。二是喷雾杀蚜，采用 0.1% 灭蚜松、0.05% ~ 0.1% 乐果、0.2% 敌百虫或 10% 吡虫啉（蚜虱净）可湿性粉剂每 $667m^2$（1 亩）用 1 ~ 1.5kg 对水喷雾，或用杀灭菊酯 3 000 ~ 4 000 倍液喷雾。一般在出齐苗后进行第一次喷药，以后每隔 10 ~ 20 天，根据蚜虫数量喷药 1 次。

2. 马铃薯瓢虫

为害马铃薯的二十八星瓢虫，有茄二十八星瓢虫和马铃薯瓢虫两种。两种瓢虫形态相似，翅鞘上共有 28 个黑斑。茄二十八星瓢虫略小，两翅合缝处黑斑不相连，马铃薯瓢虫有 1 ~ 2 个黑斑相连。

茄二十八星瓢虫和马铃薯瓢虫均以成虫在背风向阳的树皮、树洞、墙缝、石块下、各种秸秆、杂草及土缝中越冬。茄二十八星瓢虫以散居为主，马铃薯瓢虫则群集越冬。越冬成虫 4 月上旬开始出蛰活动，先在杂草上活动取食，后迁入马铃薯、茄子田为害。5 月中下旬是为害盛期。8 月上旬至 9 月上中旬亦为害秋马铃薯。成虫、幼虫均剥食马铃薯叶肉，受害叶片仅留叶脉，形成许多不规则透明条纹。

幼虫为害重于成虫。发生期幼虫群集于马铃薯叶片背面，将叶片全部食成透明状，严重时将植株吃成只剩残茎。

防治措施：

①捕捉成虫，摘除卵块。利用成虫群集越冬习性，出蛰前捕杀越冬成虫，或在为害期间利用假死性进行人工捕杀。成虫产卵期间结合农事操作，摘除卵块，捏杀幼虫。

②处理残株。马铃薯收获后，及时清除并处理残株，消灭残株上的幼虫。

③异色瓢虫、龟纹瓢虫等多种瓢虫，均能取食二十八星瓢虫的卵，应注意保护利用。

④药剂防治。在成虫期至幼虫孵化高峰期，选用5%锐劲特悬浮剂、5%抑太保乳剂、50%辛硫磷乳油1 000倍液、2.5%敌杀死乳油、20%速灭杀丁乳油、40%菊马乳油3 000倍液喷雾。

3. 茶黄螨

茶黄螨可为害包括马铃薯在内的多种蔬菜，多集中在幼嫩部分刺吸汁液，使植株畸形，叶片边缘卷曲、皱缩、发僵，嫩叶产生黄褐色斑。茶黄螨很小，肉眼不易观察到，所以，这些被害症状往往易被误认为生理性病害或病毒性病害。茶黄螨的发生与温湿度关系密切，温暖潮湿的环境有利于其发生，发育最适温度16～23℃，最适相对湿度80%～90%。因此，春季保护地栽培马铃薯和秋季马铃薯遇阴雨天气时，发生较重。

防治措施：一是消灭越冬虫源。许多杂草是茶黄螨的寄主，应及时清除田间、地边的杂草。蔬菜收获后及时清除枯枝落叶，可减少部分虫源。二是药剂防治。关键抓早期防治，喷药重点是植株上部，尤其嫩叶背面和嫩茎。可选用阿维菌素（1.8%虫螨克、1%灭虫灵）2 000～2 500倍液、10%浏阳霉素1 000倍液、15%哒螨灵（扫螨净）乳油3 000倍液、73%克螨特乳油1 000倍液轮流交替喷雾。

4. 马铃薯块茎蛾

马铃薯块茎蛾又称马铃薯麦蛾、烟潜叶蛾等；属鳞翅目麦蛾科。国内分布于14个省（区），以云、贵、川等省受害较重。主要为害茄科植物，其中，以马铃薯、烟草、茄子等受害最重，其次辣椒、番茄。幼虫潜叶蛀食叶肉，严重时嫩茎和叶芽常被害枯死，幼株甚至死亡。在田间和贮藏期间幼虫蛀食马铃薯块茎，蛀成弯曲的隧道，严重时吃空整个薯块，外表皱缩并引起腐烂（图5-10）。

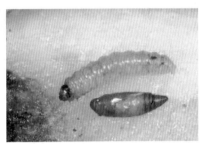

图5-10　马铃薯块茎蛾

马铃薯块茎蛾是世界性重要害虫，也是重要的检疫性害虫之一。最嗜寄主为烟草，其次为马铃薯和茄子，也为害番茄、辣椒、曼陀罗、枸杞、龙葵、酸浆等茄科植物。是最重要的马铃薯仓储害虫，广泛分布在温暖、干旱的马铃薯地区。此虫能严重为害田间和仓贮的马铃薯。在田间为害茎、叶片、嫩尖和叶芽，被害嫩尖、叶芽往往枯死，幼苗受害严重时会枯死。幼虫可潜食于叶片之内蛀食叶肉，仅留上下表皮，呈半透明状。其田间为害可使产量减产20%～30%。在马铃薯贮存期为害薯块更为严重，在 4 个月左右的马铃薯储藏期中，为害率可达 100%，以幼虫蛀食马铃薯块茎和芽。

远距离传播主要是是通过其寄主植物如马铃薯、种烟、种苗及未经烤制的烟叶等的调运，也可随交通工具、包装物、运载工具等传播。成虫可借风力扩散。

预防措施如下：

（1）认真执行检疫制度，不从已发生块茎蛾地区调进马铃薯。

（2）通过采用适当的农业措施，特别是避免马铃薯和烟草相邻种植，可降低或减免为害。

（3）生物防治。有研究证明，利用斯氏线虫（*Steinernema* 科）防治马铃薯块茎蛾有良好效果，每块茎蛾幼虫上的致病体 120 个以上时，3 天内可使该幼虫死亡率达 97.8%，从每蛾幼虫产生的有侵染力线虫的幼虫数最高达 1.3 万 ~ 1.7 万个。

（4）药剂处理种薯。对有虫的种薯，用溴甲烷或二硫化碳熏蒸，也可用 90% 晶体敌百虫或 25% 喹硫磷乳油 1 000 倍液喷种薯，晾干后再贮存。

（5）及时培土。在田间勿让薯块露出表土，以免被成虫产卵。

（6）药剂防治。在成虫盛发期可喷洒 10% 赛波凯乳油 2 000 倍液或 0.12% 天力 E 号可湿性粉剂 1 000 ~ 1 500 倍液。

5. 蓟马

蓟马是一种靠吸吮植物汁液维持生命的昆虫，在动物分类学中属于昆虫纲缨翅目。幼虫呈白色，黄色，或橘色，成虫则呈棕色或黑色。进食时会造成叶子与花朵的损伤。

蓟马属于锉吸式害虫，通过口器锉开叶片等器官的表皮组织，吸食汁液，所以，经常见到受害部位皱皮。

蓟马成虫善飞、怕光，多在叶脉间或嫩梢或幼果的毛丛或花托或花冠内进行为害。蓟马具有昼伏夜出的习性。锉吸式口器，为害后常在叶片背面顺叶脉出现明线，甜椒受害后果是表皮变粗糙，叶背面具油质光泽。主要在温室大棚中，为害茄子、黄瓜、芸豆、辣椒、西瓜等作物。发生高峰期在秋季或入冬的 11~12 月，3~7 月则是第二个高峰期。

蓟马以成虫和若虫锉吸植株幼嫩组织（枝梢、叶片、花、果实等）汁液，被害的嫩叶、嫩梢变硬卷曲枯萎，植株生长缓慢，节间缩短；幼嫩果实（如茄子、黄瓜、西瓜等）被害后会硬化，严重时造成落果，严重影响产量和品质。

另外，蓟马繁殖快，世代更替快，容易泛滥成灾，这又是一个防治难点（图 5 - 11）。

防治方法如下：

（1）农业防治。早春清除田间杂草和枯枝残叶，集中烧毁或深埋，消灭越冬成虫和若虫。加强肥水管理，促使植株生长健壮，减轻为害。

（2）物理防治。利用蓟马趋蓝色的习性，在田间设置蓝色粘板，诱杀成虫，粘板高度与作物持平。

（3）化学防治。常规使用吡虫啉、啶虫脒等常规药剂，防效逐步降低；目前，国际上比较推广以下防治方法。

①水稻苗期蓟马、飞虱。推荐用噻虫嗪类品种，进口品种锐胜 30% 噻虫嗪悬浮种衣剂，国内试验品种百瑞 35% 噻虫嗪悬浮种衣剂。

②蔬菜。茄果、瓜类、豆类使用 25% 噻虫嗪水分散粒剂

图 5 - 11　蓟马

3 000 ～ 5 000倍液灌根，减少病毒病的发生，同时，减少地下害虫危害，进口品种阿克泰，国内知名品种大功夫。

防治要点如下：

（1）根据蓟马昼伏夜出的特性，建议在下午用药。

（2）蓟马隐蔽性强，药剂需要选择内吸性的或者添加有机硅助剂，而且尽量选择持效期长的药剂。

（3）如果条件允许，建议药剂熏棚和叶面喷雾相结合的方法。

（4）提前预防，不要等到泛滥了再用药。在高温期间种植蔬菜，如果没有覆盖地膜，药剂最好同时喷雾植株中下部和地面，因为这些地方是蓟马若虫栖息地。

6. 叶蝉

叶蝉为一类为害禾谷类、蔬菜、果树和林木等的昆虫。同翅目，叶蝉科。体长 3～15mm。单眼 2 个，少数种类无单眼。后足胫节有棱脊，棱脊上有 3～4 列刺状毛。后足胫节刺毛列是叶蝉科的最显著的识别特征。本科叶蝉成虫图片已知近 20 000 种，我国已记载约 1 000 种。该科昆虫不仅为害农作物，而且还传播植物病毒病。雌虫把产卵器刺入植物的叶鞘或茎部组织里产卵，为害农作物。

防治方法如下：

（1）冬季清除苗圃内的落叶，杂草，减少越冬虫源。

（2）利用黑光灯诱杀成虫。

（3）喷施 2.5% 的溴氰菊酯可湿性粉剂 2 000 倍，或用 90% 敌百虫原液 800 倍，或用 50% 杀螟松乳油 1 000 倍液，0.5% 藜芦碱可湿性粉剂 600～800 倍液。使用药物防治的时候，应当注意从周围到中间环绕喷药，并在中间部分加大用药量，对大田周围杂草地要及时清理，并用药物喷洒。

7. 潜叶蝇

潜叶蝇能危害许多作物，特别是在因过度使用杀虫剂、使潜叶蝇的天敌遭到毁灭的地区。潜叶蝇是一种严重的马铃薯害虫，潜叶蝇体形很小，危害马铃薯的主要是幼虫，其在叶片内钻出很多可见的虫道，破坏了大量叶片，严重时导致植株死亡，造成大幅度减产。

防治：适时灌溉，清除杂草，消灭越冬、越夏虫源，降低虫口基数。

杀灭：掌握成虫盛发期，及时喷药防治成虫，防止成虫产卵。成虫主要在叶背面产卵，应喷药于叶背面。或在刚出现为害时，喷药防治幼虫，防治幼虫要连续喷 2～3 次，农药可用 40% 乐果乳油 1 000 倍液，40% 氧化乐果乳油 1 000～2 000 倍液，50% 敌敌畏乳油 800 倍液，50% 二溴磷乳油 1 500 倍液，40% 二嗪农乳油 1 000～1 500 倍液。

（六）地下害虫

1. 为害马铃薯的地下害虫

为害马铃薯的地下害虫主要有：地老虎（即土蚕），能将幼苗的茎从地面咬断，造成缺苗断垄；蛴螬为金龟子的幼虫，主要咬根部，也吃嫩块茎，在老块茎上可以咬食成洞；蝼蛄和金针虫（俗称铁条虫）也是咬食根部和块茎，甚至还可以造成伤口感染，引起块茎腐烂。

上述几种地下常见害虫一般在 3～4 月，10cm 地温 5℃ 时开始上升活动为害。一次性亩施 3% 辛硫磷颗粒 2～3kg，即可保证整个生育期不受害虫为害。因保护地马铃薯种植时间早，收获也早（5 月 1 日即可上市），地下害虫活动很少，一般不造成或很少造成为害，所以，也可不施药或少施药。

2. 蛴螬、金针虫、蝼蛄的防治

蛴螬、金针虫、蝼蛄均属地下害虫。蛴螬俗称"地漏子"，为金龟子幼虫，在鲁南地区发生种类主要为大黑、暗黑、铜绿金龟子；金针虫优势种群为沟金针虫，俗称"金耙齿"；蝼蛄主要为非洲蝼蛄。蛴螬、蝼蛄可咬食刚播下的种薯切块，苗期也可咬断幼根、幼茎，造成幼苗枯死，缺苗断垄。咬食马铃薯块茎时，形成缺口，降低品质甚至引起腐烂。金针虫钻蛀为害刚形成的块茎，使块茎失去商品价植。

近年来，随着复种指数的增加、耕作制度的变化，蛴螬、金针虫危害明显减轻，仅在局部地块发生严重，蝼蛄已成为次要害虫。

蛴螬、金针虫、蝼蛄以播种期药剂防治为主，播前进行虫口基数挖查。凡每平方米有地下害虫2头以上地块，确定为药剂防治地块。可用90%晶体敌百虫每公顷1 500～2 250g，或用50%辛硫磷乳油1 500ml，用少量水稀释后拌细土（豆饼）225～300kg混匀制成毒土，或用3%辛硫磷颗粒剂30～45kg对细土225～300kg均匀撒施在播种沟内。也可用50%辛硫磷乳油按种薯量的0.3%进行喷拌，拌后播种。

3. 地老虎的发生规律及防治

地老虎俗称"土蚕"。为害马铃薯的地老虎主要有黄地老虎和小地老虎幼虫。地老虎幼虫背面各节均有4个毛片，呈梯形排列，小地老虎后2个毛片比前2个毛片大3倍左右，黄地老虎前2个毛片比后2个毛片稍大，两种幼虫有明显的区别。

小地老虎和黄地老虎在鲁南地区一年发生4代。小地老虎春季虫源由南方迁飞而来，黄地老虎以幼虫在土中越冬，两种地老虎均以第一代幼虫危害最重。小地老虎为害盛期4月下至5月中旬，黄地老虎比小地老虎为害盛期偏晚15天左右，为5月中下旬至6月上旬。小地老虎成虫有追踪小苗地块产卵的习性，卵多散产，主要在刺儿菜、灰菜、小旋花等杂草叶背面和土块、根须、枯草上。黄地老虎卵一般散产在地表的枯枝、落叶、根茬及植物距地表1～3cm处的叶片上，马铃薯田亦有堆产现象，卵粒排列不齐，有时重叠成堆，每堆10～40余粒。

两种地老虎幼虫多为6龄，1～2龄多在寄主心叶处取食，

3 龄后扩散，潜伏土内，昼伏夜出，咬断植株，蛀食块茎，形成孔洞，降低块茎的经济价值。

防治措施如下：

（1）实行保护地栽培，提早收获，避开危害期。

（2）秋耕深翻，可直接杀死黄地老虎幼虫，并破坏其越冬环境。消除田间及地边杂草，降低成虫田间产卵量。

（3）诱捕幼虫，采用新鲜泡桐叶，用水浸泡后，于一代幼虫发生期的傍晚放入菜田内，次日清晨人工捕捉。

（4）药剂喷雾，在幼虫 3 龄前施药防治，可取得较好效果。用 90% 晶体敌百虫 800～1 000 倍液、50% 辛硫磷乳油 800 倍液、2.5% 敌杀死乳油 2 000 倍液喷雾。

（5）毒饵，在幼虫 3 龄后应用。每公顷用 2.5% 敌百虫粉剂 7.5 kg 均匀拌在切碎的鲜草上或用 90% 晶体敌百虫 7.5 kg，加水 37.5～75 kg 均匀拌在 750 kg 炒香的麦麸上，制成的毒饵于傍晚在马铃薯田内每隔一定距离撒成小堆。

（6）灌根。在虫龄较大，为害严重的马铃薯田，可用 80% 敌敌畏乳油或 50% 辛硫磷乳油 1 000～1 500 倍液灌根。

马铃薯主要病毒病、细菌性病害症状目测鉴别，详见下表 5-1。

表 5-1 马铃薯主要病毒病、细菌性病害症状目测鉴别表

病害名称	植株症状	块茎症状
马铃薯纺锤块茎类病毒	病株叶片与主茎间角度小，呈锐角，叶片上竖，上部叶片变小，有时植株矮化	染病块茎变长，呈纺锤形，芽眼增多，芽眉凸起，有时块茎产生龟裂

病害名称	植株症状	块茎症状
马铃薯卷叶病	叶片卷曲，呈匙状或筒状，质地脆，小叶常有脉间失绿症状，有的品种顶部叶片边缘呈紫色或黄色，有时植株矮化	块茎变小，有的品种块茎切面上产生褐色网状坏死
马铃薯花叶病	叶片有黄绿相间的斑驳或褪绿，有时叶肉凸起产生皱缩。有时叶背叶脉产生黑褐色条斑坏死。生育后期叶片干枯下垂，不脱落	块茎变小
马铃薯环腐病	一丛植株的一个或一个以上主茎的叶片失水萎蔫，叶片灰绿并产生脉间失绿症状，不久叶缘干枯变为褐色，最后黄化枯死，枯叶不脱落	染病块茎维管束软化，呈淡黄色，挤压时组织崩溃呈颗状，并有乳黄色菌脓排出，表皮维管束部分与薯肉分离，薯皮有红褐色网纹
马铃薯黑胫病	病株矮小，叶片褪绿，叶缘上卷、质地硬，复叶与主茎角度开张，茎基部黑褐色，易从土中拔出	染病块茎脐部黄色，凹陷，扩展到髓部形成黑色孔洞，严重时块茎内部腐烂
马铃薯青枯病	病株叶片灰绿色，急剧萎蔫，维管束褐色，以后病部外皮褐色，茎断面乳白色，黏稠菌液外溢	染病块茎维管束褐色，切开后乳白菌液外溢，严重时，维管束邻近组织腐烂，常由块茎芽眼流出菌脓

第六章

马铃薯的采收与贮藏保鲜

第一节　马铃薯的采收与贮运

一、马铃薯的采收要求

采收时期直接影响着产品的质量，采收时期过早，由于块茎干物质积累不够，不仅直接影响食用品质和加工品质，还会影响块茎的储藏品质；收获过晚，也会影响块茎质量，还会导致块茎发生 2 次生长、块茎裂口或者发芽等。适宜的采收时期是，植株 1/3 ~ 1/2 叶片开始变黄，这时块茎干物质积累达到高峰。收获时以土壤干散为宜，如果收刨时土壤湿度大，块茎气孔和皮孔开张较大，容易被各种病菌侵染，同时块茎水分含量过高，因而导致块茎不耐贮运。因此，收获前 7 天不要浇水，如果遇上下雨天，要等土壤晾干后再收刨，或割（拔）秧以加速土壤水分蒸发，以免土壤湿度长期过大而引起腐烂。块茎刨出后应在田间稍行晾晒，表皮水分晾干后再装运。收获后，在田间要将病虫伤害及机械伤害的块茎剔除，进行分级。

二、马铃薯的运输及包装

马铃薯本身含有大量水分，对外界条件反应敏感，冷了容易受冻，热了容易发芽，干燥容易软缩，潮湿容易腐烂，破伤容易感染病害等。薯块组织幼嫩，容易压伤和破碎，这就给运输带来了很大的困难。因此，安排适宜的运输时间，采用合理的运输工具和装卸方法，选择合适的包装材料，是做好运输工作的先决条件。

1. 马铃薯的贮运前与处理

在储前先将块茎置于 10 ~ 20℃条件下经过 10 ~ 14 天（若温度低时间要长一些），愈合伤口形成木栓层。具体方法是把块茎堆在通风的室内，堆中要扦插秸棵把或竹片制成的通风管，以便通风降温。要注意防雨、防日晒，要用草苫遮光。为达到通风目的，还可在薯块堆下面设通风沟。

2. 马铃薯的短途运输及包装

块茎收货后的短途运输，是指从田间到收购站或临时贮藏场所的运输过程。由于薯块刚从土壤中起出来，表皮十分娇嫩很容易被擦伤，因此，在运输中首先要保证避免擦伤薯皮，否则，既影响块茎的商品性，又容易导致块茎被各种病原菌侵染，而在储运过程中发生腐烂。正确的装运方法是，采用塑料周转箱或者竹筐、柳条筐等，但必须在筐的内侧铺垫一层旧布或塑料编织袋，以防搬运过程中损伤表皮。在装箱时要轻拿轻放，运输途中尽量减少颠簸。

3. 马铃薯的长途运输及包装

块茎在进库或长途运输前，首先应临时储存在通风、10 ~ 20℃的环境条件下，一方面使块茎表面水分干燥，使表皮老化；另一方面逐步降低块茎自身的温度。这样，既可以减少装运时擦伤块茎，又可以减少在储运过程中的腐烂。

4. 马铃薯出口的运输及包装

出口块茎的包装，一般应根据客商的要求采用不同的包装材料。马铃薯包装的原则是，既要保证不擦伤块茎，又要保证包装内透气"不憋汗"。先用草纸或泡沫塑料网套把块茎裹起来，然后装箱。常用的包装箱有以下几种：拉伸网箱包装；瓦楞纸固定；塑料盒包装；弹性塑料片防压包装；泡沫塑料防震包装。

第二节　马铃薯的贮藏与保鲜

一、马铃薯贮藏的特点和主要任务

1. 马铃薯贮藏的特点和效益

马铃薯的贮藏不同于小麦、玉米、大豆等作物，有其特殊性。马铃薯收获的块茎一般含有 75% ~ 80% 的水分，在贮藏过程中极易遭受病菌的侵染而腐烂，对温度等环境条件的要求比小麦、玉米等作物要严格得多，温度高了容易发芽，温度低了容易冻窖，因而马铃薯的安全贮藏要求比较严格。

秋马铃薯 11 月上旬收获，通过保鲜贮藏可延迟 3 ~ 4 个月（即翌年的 2 ~ 3 月）上市，根据试验调查，每千克价格可提高 0.40 ~ 0.50 元，每亩可增加收益 1 000 多元，是提高效益的途径之一。

2. 马铃薯安全贮藏的主要任务

经过生产栽培最后收获的块茎，既是有机营养物质的贮存器官，又是延续后代的繁殖器官。因此，对马铃薯块茎贮藏的目的主要是保证食用、加工和种用的品质。作为食用商品薯的贮藏，应在贮藏期间减少有机营养物的消耗，避免见光薯皮变绿或食味变劣，使块茎经常保持新鲜状态；工业淀粉加工用的马铃薯应防止淀粉转化为糖；种用的马铃薯，应使之保持健康的种用品质，以利繁殖和增产。对在田间收获后和在田间运回的马铃薯块茎，应根据用途的不同，采用科学有效的方法进行贮藏管理。贮藏期间实行科学管理的任务是：防止块茎腐烂、发芽和病害的蔓延，以保持马铃薯的商品和种用品质；尽量降低贮存期间的自然损耗。

二、马铃薯贮藏期的几个生理阶段

马铃薯贮藏期间要经过后熟期、休眠期和萌发期 3 个生理阶段。

1. 后熟期

收获后的马铃薯块茎，还未充分成熟，因为地下所结块茎的生理年龄不完全相同，有的已经成熟，有的接近成熟，还有的则需一定时间才能达到成熟。新收获的块茎整体而言，块茎表皮尚未充分木栓化，呼吸非常旺盛，一般需 15～30 天的生理活动过程才能使块茎表皮充分木栓化，不太成熟的块茎逐渐达到成熟，呼吸转为微弱而平稳的过程称之为后熟期，或后熟阶段。在马铃薯后熟期的生理活动过程中，由于块茎呼吸旺盛，水分蒸发多，重量在短期内急剧减轻，同时，也放出相当多的热量，使薯堆的温度增高，因此，要求较好的通风条件。另外，收获后的块茎中常有一部分遭到机械损伤、表皮擦伤或被挤伤，也要在贮藏的后熟阶段进行伤口愈合。

2. 休眠期

有两种状态，即自然休眠期和被迫休眠期，马铃薯块茎中的芽眼，在环境条件适合发芽的情况下，由于生理上的原因而不萌发，称之为自然休眠，它所处的这个阶段叫自然休眠期；

被迫休眠是指马铃薯块茎的休眠期已经通过，由于外界条件不利于芽的萌动和生长，仍继续处于休眠的状态，所处的这个阶段叫做被迫休眠期。马铃薯块茎通过自然休眠后能否发芽，取决于是否有适宜的外界条件。人为地控制好温、湿度等外界条件，可以按需要促进其迅速地通过休眠期，也可让其被迫休眠，延长休眠期。

3. 萌发期

在这一时期，马铃薯块茎重量的减轻程度与萌芽程度成正比。在贮藏上，块茎进入萌发期，标志着商品薯的贮藏即应马上结束，而作为农业生产的种薯贮藏，在窖贮的管理上则需进一步加强，除注意防止伤热和冻窖外，要避免薯堆"出汗"，生长出很长的芽子，降低种用质量。

三、马铃薯贮藏期间对温、湿度和光照的要求

马铃薯在贮藏期间对温、湿度有严格要求，若温度低于0℃，则易受冻害，接近于0℃，会使芽的生长力减弱，反之温度较高时特别是湿度小，过于干燥时，会使块茎组织变软。一般要求贮藏温度以 1～3℃ 为宜，相对湿度控制在80%～93%，只要块茎表皮不出现湿润现象，并在窖内顶棚上显示有轻微一层小水珠，就是贮藏马铃薯块茎的适宜湿度条件。

直射的日光和散射光都能使马铃薯块茎表皮变绿，产生龙葵素，从而降低食用商品薯的品质，因而作为食用商品薯，应贮藏在黑暗无光的条件下。窖内设置长期照明的电灯灯光也同样会造成表皮变绿，降低食用品质，在贮藏管理中，要设法减少电灯的照射。种薯的贮藏则与食用商品薯相反，不怕见光，因块茎在光的作用下表皮变绿有抑制病菌侵染的作用，还能抑

制幼芽的徒长，形成短壮芽，有利于提高产量。

四、马铃薯块茎贮藏期间损耗的原因

马铃薯块茎的呼吸作用和水分蒸发是引起重量损耗的重要因素，其中，大部分是水分蒸发引起的，其次是由于呼吸作用造成的。当马铃薯贮藏在正常的温湿条件（温度 1~3℃，空气相对湿度80%~93%）下，蒸发的水分要比呼吸作用所消耗的干物质大10倍以上。当温度升高时，这种状况出现很大改变，呼吸消耗的物质大于水分的蒸发量。马铃薯遭受不同的机械损伤及在贮藏期间，病害侵染危害，造成烂薯。

在贮藏期间块茎重量的损耗一般分为自然损耗和废品两类。自然损耗是因为马铃薯不断地进行呼吸和蒸发而引起的水分和干物质的损失。无论用哪种方法贮藏，马铃薯块茎都不可避免地发生损耗，但是，合理地调节马铃薯的贮藏条件，可使自然损耗降至最低限度。废品则常是由于腐烂病、异常的温度、空气中氧的缺乏和光照等原因产生的块茎受冻、失水、窒息等严重损害，以致失掉了食用和种用价值。要消灭或减少废品的发生，就必须在贮藏期间严防块茎受腐烂病原菌的侵染和异常温度、过度潮湿、光线照射和空气不足等的影响。据对32户调查表明，春马铃薯经3个月贮藏自然损耗达15.8%，贮藏废品达12.4%，共损耗28.2%，秋马铃薯贮藏3个月，自然损耗平均11.6%，贮藏废品达6.8%，共损耗18.4%。由此可见，马铃薯在目前的贮藏条件下，造成的损耗损失是很大的。秋马铃薯在良好的贮藏条件下，块茎的正常损耗率不超过2%，废品也大大减少。因此，加快推广先进的安全贮藏技术具有非常重要的意义。

五、鲁南二季作区马铃薯主要的贮藏方式

1. 冬季室外地下贮藏窖

在室外选择地势高，通风向阳，排水良好的地方挖深60～70cm，宽80～100cm 的土坑，长度随贮藏量而定，块茎入窖前每隔100cm 远放一个通气筒，以便通风换气。通气筒可用高粱秸、玉米秸等编制而成。气筒上部要高出地面 40～60cm。入窖初期，一般不封土，暂用草苫子或玉米秸秆等物覆盖，以利块茎散失水分，促进后熟进入休眠。随着天气变冷，去掉草苫，逐渐加厚覆土达35cm 左右，窖的顶部封成龟背形。

2. 夏季室外地下贮藏窖

选择地势高燥、排水良好、有浓密树荫遮凉的地方建窖。窖深66cm，宽度为100cm，长度为2.7～3.0m，每窖可贮藏1 000～1 500kg。窖的四周距窖口 30～50cm 远挖一排水沟或做成斜坡，以利排水防止雨水入侵造成烂窖。放入马铃薯块茎后，薯堆上面覆盖一层 50～70cm 厚的沙土，使之成为屋脊形或半圆形，拍实。在沙土上用稻草或麦秆覆成屋脊状或搭成脊式棚以防日晒和雨淋。这种窖的特点是：容量多，占地小，但只适于夏季1～2 个月间的短期贮藏。

3. 室外地上窖

在室外房屋的山墙边，选择地势高燥，并有大树浓密遮荫处，用木棍、高粱秸等搭成贮藏窖棚，用木板或土坯做成窖壁。在马铃薯块茎未入窖以前，要在窖内地面上垫上 17～20cm 的细沙，然后堆放马铃薯。堆好后的薯堆上面再覆土17～20cm 的沙土，然后拍紧，这种块茎贮藏棚窖一般是66cm 高，66cm 宽，长度2m 左右。贮藏量较小，可贮藏 1 000kg

左右。

4. 室内地上窖

亦称室内贮薯池，多夏季使用，要求房子内通风阴凉，在室内墙角用砖或土坯砌成池子，砌时要求交叉留出孔隙以便于通气。砌贮藏池多利用室内墙角的两侧墙壁，以节约砖坯用量。一般贮池高度为 70～90cm，宽度为 100～120cm，长度随房屋内大小和贮藏量而定。贮藏时薯堆下垫沙 7～10cm，薯堆上层覆盖沙 10～14cm，薯堆的高度一般为 66cm 左右。每池贮藏量为 2 000～2 500kg。

5. 室内或室外的薯囤贮藏

适合于夏收马铃薯 3～4 个月贮藏期的应用。一般每囤可贮藏 5 000～6 000kg，贮藏后不用翻倒，可安全度夏。薯囤既可设置于通风良好且防雨的敞棚内或大仓内；又可置于地势高燥有树遮阴的室外。设室外者其顶部要有防雨设施。贮藏囤所用物料为旧席薼、枕木（或方砖）、木棍（或竹杆）及通气筒（多用荆条编成）等。用枕木或方砖垫囤底，保持适当宽，垫高于地面 25cm，以便囤底进入空气。然后将木棍或竹竿成栅栏状平铺于枕木上，再在其上用席薼囤成圆囤，边堆放马铃薯边起高往上穴。囤身直径一般为 2.5～2.8m，囤高一般为 2m 左右。在装入马铃薯时均匀地插立 6 只通气筒，使之充分通风透气，达到安全贮藏的目的。

六、春马铃薯的贮存

1. 做好预贮工作

新收获的马铃薯在生理上有一个后熟过程。在此期间表皮尚未充分木栓化，呼吸作用旺盛，水分蒸发量大，块茎重量明显减轻，加之气温较高，容易积聚水汽而引起块茎腐烂。因此，新收获的马铃薯应先放在通风凉爽的室内、棚窖内或荫棚下晾 4～5 天，晾薯能明显降低贮藏发病率。在预贮过程中，注意进行挑选，剔除病害、机械损伤、萎蔫、腐烂块茎。

2. 搞好贮藏初期的通风

马铃薯在贮藏初期呼吸作用比较旺盛，气温也较高，淀粉逐渐分解转化成糖，释放出较多的二氧化碳、水分和热量。所以，地下室贮藏要在早晚气温较低时进行适当通风，排除二氧化碳、水分和热量；气调库贮藏，不需通风。

3. 掌握好温度和湿度

马铃薯含水量大，一般占块茎重量的 3/4。贮存温度在 0℃以下时，易发生冻害，5℃以上时易发芽，所以，气调库贮藏温度应保持在 2～5℃为宜。适宜的贮藏湿度是保证马铃薯鲜嫩品质的必要条件，贮藏马铃薯时，空气的相对湿度宜掌握在 85%～93%。

4. 做好避光贮藏

日光照射，会使块茎表皮呈绿色，产生龙葵素，造成块茎品质变劣。因此，马铃薯贮藏期间应避免光照。

马铃薯井窖贮藏过程中"出汗"的原因：

井窖贮藏马铃薯块茎的中后期，有时马铃薯堆上层的块茎很湿，附着一些小的水珠，群众把这种现象称为"出汗"，这是因为马铃薯呼吸作用在堆内产生的湿热气，在它向上流通时与气眼和窖门下降的冷空气相遇，碰到一起相结合在薯堆上层凝聚成小的水滴。这种现象造成窖内湿度过大，利于贮藏病害的发生流行，造成烂薯也容易造成早期发芽。

七、几个注意事项

1. 马铃薯与地瓜不能同窖贮藏

有的农户把马铃薯同地瓜在井窖内一块混贮,这样做不科学。因为马铃薯喜凉,地瓜喜热。马铃薯的贮藏最适宜在 1～3℃的环境中,如果温度达到 5℃种薯开始萌芽,7℃开始发芽。而地瓜贮藏的适宜温度为 12～14℃,如果温度低于 9℃以下,就会受冻害变质腐烂。将两种混贮,难以调节温度,所以不能混贮。

2. 采用化学药剂可以延长块茎贮藏时间

马铃薯收获后,经过一段时间贮藏,度过了休眠期,其上的芽就会萌发,消耗营养物质,同时,产生对人体有害的物质,从而降低食用价值和商品价值。因此,延长块茎的休眠期,抑制芽的萌发是延长贮藏时间的关键。在马铃薯上应用的抑芽剂有两种,一是采前处理,二是采后处理,现分述如下。

(1) 采前处理法。在马铃薯采前 2～3 周,用质量分数为 (100～250)×10^{-6}青鲜素作叶面喷洒(具体时间与剂量要根据品种特性与长势而定,长势旺、不耐贮藏的剂量略高,反之略低),可抑制采后萌发,延长贮藏时间。若采前处理再结合适当低温贮藏则效果更佳。采前处理后,块茎上芽的萌发能力弱,抽生纤细,多数不能生成正常植株,不能作种。

(2) 采后处理法。应用萘乙酸甲酯对采后贮藏的马铃薯进行处理,以延长其休眠和贮藏期。应用方法:其一是把萘乙酸甲酯与细土等填充剂混匀,再掺到采后两个月的薯堆里,用药量 2～5g/100kg 块茎。其二是先将萘乙酸甲酯溶解后喷在纸屑上,再与薯块混匀。两种方法处理后均应贮藏时密闭,以利于萘乙酸甲酯挥发后作用于芽，干扰细胞分裂，进而抑制萌发。不过，在食用前应先将处理过的块茎在通风处摊放几天，以便萘乙酸甲酯挥发，除去毒害。

3. 鲁南二季作区自繁马铃薯种薯贮藏的注意事项

夏季贮存可用筐、篓、袋等器具直接装上种薯，但注意尽量减少碰伤、擦伤，放在阴凉处，上盖草苫等遮阳物贮藏任其变绿。冬季贮存种薯应放在温暖的环境中，避免冻害。也可以用麻袋等包装袋装好，放在屋内比较暖和的地方，四周用草苫围挡，寒冷天气用农膜再裹盖一层。贮存前应注意晾晒，注意挑选，剔除带病种薯、异型薯、混杂薯。

第三节　马铃薯机械化采收技术

一、马铃薯机械化采收技术指导意见

根据地块大小和马铃薯品种，选择合适的打秧机和收获机。马铃薯收获机的选型应适合当地土壤类型、黏重程度和作业要求。在丘陵山区宜采用小型振动式马铃薯收获机，可防堵塞并降低石块导致的机械故障率，减小机组作业转弯半径。各地应根据马铃薯成熟度适时进行收获，机械化收获马铃薯应先除去茎叶和杂草，尽可能实现秸秆还田，提高作业效率，培肥地力。作业质量要求：马铃薯挖掘收获明薯率≥98%，埋薯率≤2%，损伤率≤1.5%；马铃薯打秧机应采用横轴立刀式，茎叶杂草去除率≥80%，切碎长度≤15cm，割茬高度≤15cm。

二、机械化收获

马铃薯人工收获费工、费时、劳动量大、效率低、损失大，而且极易造成收获不及时，冻害损失，所以，机械化收获是大面积种植的必需措施。机械化收获一般可提高工效 20 倍以上，收净率达到 98.5%，损失率小于 2%。

马铃薯机械化收获技术是利用收获机械一次完成起薯、升运、筛土、分离等多项工序的农机化技术。收获时间应根据马铃薯植株长势、气候条件、安全贮藏时间和下茬作物等不同情况确定，春播马铃薯一般进入 6 月后，当地平均气温高于 25℃时，马铃薯植株叶片从下到上开始变黄，块茎充分膨大，容易与匍匐茎分离，土壤含水率≤20%时，即可择时收获。

机械收获作业前 3~5 天，需机械或人工杀秧，除去藤蔓、地膜等影响机械作业的杂物，同时，杀秧后有利于促使薯皮老化，以减少机械收获时对薯皮的损伤。作业时，起净率大于 98%，明薯率≥96%，伤薯率≤1.5%，破皮率≤2%。

目前，山东省马铃薯机械化收获模式为分段式收获，起薯后仍需人工捡拾。常见马铃薯收获机械为多为一垄单行或一垄双行收获机械，配套动力为 8~90kw，作业幅宽 70~1 700cm，结构形式为悬挂式或牵引式，作业效率 2~6 亩/小时，具有一次性完成起薯、升运、筛土、分离等工序的功能，机器主要有 4UF－600、4U－2、4U－80 型等。收获前为确保作业效果，应进行机具调试，可根据土壤的质地和墒情，调整挖掘铲深度和抖土部件的抖土强度，保证薯土分离干净，减少表皮损伤。检查机械连接传动情况和挖掘深度，在保证起净率的同时，挖掘深度尽量浅，以减少作业负荷。

注意事项：机收作业时收获机起步作业位置应对正薯垄，低挡平稳起步，逐渐加大油门，作业过程中保持匀速前行，不能漏挖，更不能倒退；地头转弯、转移地块时需要升起挖掘装置，分离收获机离合器；作业中发生堵塞、地膜缠绕、犁铲积土等问题时应熄灭发动机后清除；收获过程中，一旦发现异常响声，应立即停车检查，并随时注意机具作业质量和安全运行。

附　录

马铃薯生产技术规程

一、范围

本标准适用于无公害食品马铃薯的生产

二、产地环境

产地环境条件应符合本汇编中"NY 5010 无公害食品蔬菜产地环境条件"的规定。选择灌排方便、土层深厚、土壤结构疏松、中性或微酸性的砂壤土或壤土，并要求 3 年以上未重茬栽培马铃薯的地块。

三、生产技术

（一）播种前准备

1. 品种与种薯

选用抗病、优质、丰产、抗逆性强、适应当地栽培条件、商品性好的各类专用品种。种薯质量应符合"GB 18133 马铃薯脱毒种薯"和"GB 4406 种薯"的要求（附表 1、附表 2、附表 3）。

附表 1　种薯分级指标

项目名称	级别	纯度不低于（%）	薯块整齐度不低于（%）	不完善薯块不高于（%）
马铃薯	原种	99.5	85.0	1.0
	一级良种	98.0	85.0	3.0
甘薯	二级良种	96.0	80.0	5.0
	三级良种	95.0	75.0	7.0

附表 2　一、二级种薯的块茎质量指标

块茎病害和缺陷	允许率（%）
环腐病	0
湿腐病和腐烂	≤0.1
干腐病	≤1.0
疮痂病、黑痣病和晚疫病：	
轻微症状（1%～5%块茎表面有病斑）	≤10.0
中等症状（5%～10%块茎表面有病斑）	≤5.0
有缺陷薯（冻伤除外）	≤0.1
冻伤	≤4.0

附表 3　各级别种薯带病植株的允许率

种薯级别	第一次检验 病害及混杂株（%）					第二次检验 病害及混杂株（%）					第三次检验 病害及混杂株（%）				
	类病毒植株	环腐病植株	病毒病植株	黑胫病和青枯病植株	混杂植株	类病毒植株	环腐病植株	病毒病植株	黑胫病和青枯病植株	混杂植株	类病毒植株	环腐病植株	病毒病植株	黑胫病和青枯病植株	混杂植株
原种	0	0	0	0	0	0	0	0	0	0	0	0	0	0	0
一级原种	0	0	≤0.25	≤0.5	≤0.25	0	0	≤0.1	≤0.25		0	0	≤0.1	≤0.25	0

续表

种薯级别	第一次检验 病害及混杂株（%）					第二次检验 病害及混杂株（%）					第三次检验 病害及混杂株（%）				
	类病毒植株	环腐病植株	病毒病植株	黑胫病和青枯病植株	混杂植株	类病毒植株	环腐病植株	病毒病植株	黑胫病和青枯病植株	混杂植株	类病毒植株	环腐病植株	病毒病植株	黑胫病和青枯病植株	混杂植株
二级原种	0	0	≤0.25	≤0.5	≤0.25	0	0	≤0.1	≤0.25	0	0	0	≤0.1	≤0.25	0
一级种薯	0	0	≤0.5	≤1.0	≤0.5	0	0	≤0.25	≤0.5						
二级种薯	0	0	≤2.0	≤3.0	≤1.0	0	0	≤1.0	≤2.0						

2. 种薯催芽

播种前 15～30 天将冷藏或经物理、化学方法人工解除休眠的种薯于 15～20℃、黑暗处平铺 2～3 层。当芽长至 0.5～1cm 时，将种薯逐渐暴露在散射光下壮芽，每隔 5 天翻动 1 次。在催芽过程中淘汰病、烂薯和纤细牙薯。催芽时要避免阳光直射、雨淋和霜冻等。

3. 切块

提倡小整薯播种。播种时温度较高，湿度较大，雨水较多的地区，不宜切块。必要时，在播前 4 ~ 7 天，选择健康的、生理年龄适当的较大种薯切块。切块大小以 30 ~ 50g 为宜。每个切块带 1 ~ 2 个芽眼。切刀每使用 10 分钟后或在切到病、烂薯时，用 5% 的高锰酸钾溶液或 75% 酒精浸泡 1 ~ 2 分钟或擦洗消毒。切块后立即用含有多菌灵（约为种薯重量的 0.3%）或甲霜灵（约为种薯重量的 0.1%）的不含盐碱的植物草木灰或石膏粉拌种，并进行摊晾，使伤口愈合，勿堆积过厚，以防烂种。

4. 整地

深耕，耕作深度约 20 ~ 30cm。整地，使土壤颗粒大小合适。并根据当地的栽培条件、生态环境和气候情况进行作畦、作垄或平整土地。

5. 施基肥

按照本汇编中"NT/496 肥料合理使用准则 通则"要求，根据土壤肥力，确定相应施肥量和施肥方法。

氮肥总用量的 70% 以上和大部分磷、钾肥料可基施。农家肥和化肥混合施用，提倡多施农家肥。农家肥结合耕翻整地施用，与耕层充分混匀，化肥做种肥，播种时开沟施。适当补充中、微量元素。每生产 1 000kg 薯块的马铃薯需肥量：氮肥（N）5 ~ 6kg，磷肥（P_2O_5）1 ~ 3kg，钾肥（K_2O）12 ~ 13kg。

（二）播种

1. 时间

根据气象条件、品种特性和市场需求选择适宜的播期。一般土壤深约 10cm 处地温为 7～22℃时适宜播种。

2. 深度

地温低而含水量高的土壤宜浅播，播种深度约5cm；地温高而干燥的土壤宜深播，播种深度约10cm。

3. 密度

不同的专用型品种要求不同的播种密度。一般早熟品种每亩种植 4 000～4 700 株，中晚熟品种每亩种植 3 300～4 000株。

4. 方法

人工或机械播种。降水量少的干旱地区宜平作，降水量较多或有灌溉条件的地区宜垄作。播种季节地温较低或气候干燥时，宜采用地膜覆盖。

(三) 田间管理

1. 中耕除草

齐苗后及时中耕除草，封垄前进行最后一次中耕除草。

2. 追肥

视苗情追肥，追肥宜早不宜晚，宁少毋多。追肥方法可沟施、点施或叶面喷施，施后及时灌水或喷水。

3. 培土

一般结合中耕除草培土 2～3 次。出齐苗后进行第一次浅培土，显蕾期高培土，封垄前最后一次培土，培成宽而高的大垄。

4. 灌溉和排水

在整个生长期土壤含水量保持在 60%～80%。出苗前不宜灌溉，块茎形成期及时适量浇水，块茎膨大期不能缺水。浇水时忌大水漫灌。在雨水较多的地区或季节，及时排水，田间不能有积水。收获前视气象情况 7～10 天停止灌水。

四、病虫害防治

（一）防治原则

按照"预防为主，综合防治"的植保方针，坚持以"农业防治、物理防治、生物防治为主，化学防治为辅"的无害化治理原则。

（二）主要病虫害

主要病害：晚疫病、青枯病、病毒病、癌肿病、黑胫病、环腐病、早疫病、疮痂病等。

主要虫害：蚜虫、蓟马、粉虱、金针虫、块茎蛾、地老虎、蛴螬、二十八星瓢虫、潜叶蝇等。

（三）农业防治

（1）针对主要病虫控制对象，因地制宜选用抗（耐）病优良品种，使用健康的不带病毒、病菌、虫卵的种薯。

（2）合理品种布局，选择健康的土壤，实行轮作倒茬，与非茄科作物轮作 3 年。

（3）通过对设施、肥、水等栽培条件的严格管理和控制，促进马铃薯植株健康成长，抑制病虫害的发生。

（4）测土平衡施肥，增施磷、钾肥，增施充分腐熟的有机肥，适量施用化肥。

（5）合理密植，起垄种植，加强中耕除草、高培土、清洁田园等田间管理，降低病虫源数量。

（6）建立病虫害预警系统，以防为主，尽量少用农药和及时用药。及时发现中心病株并清除、远离深埋。

（四）生物防治

释放天敌，如捕食螨、寄生蜂、七星瓢虫等。保护天敌，创造有利于天敌生存的环境，选择对天敌杀伤力低的农药。利用每亩 23~50g 的 16 0001U/mg 苏云金杆菌可湿性粉剂 1 000 倍液防治鳞翅目幼虫。利用 0.3% 印楝乳油 800 倍液防治潜叶蝇、蓟马。利用 0.38% 苦参碱乳油 300~500 倍液防治蚜虫以及金针虫、地老虎、蛴螬等地下害虫，可用 14~28g 的 72% 农用硫酸链霉素可溶性粉剂 4 000 倍液，或用 3% 中生菌素可湿性粉剂 800~1 000 倍液防治青枯病、黑胫病或软腐病等多种细菌病害。

（五）物理防治

露地栽培可采用杀虫灯以及性诱剂诱杀害虫。保护地栽培可采用防虫网或银灰膜避虫、黄板（柱）以及性诱剂诱杀害虫。

（六）药剂防治

1. 严格执行使用标准和规定

农药施用严格执行本汇编中的 GB 4285 农药安全使用标准和 GB/T 8321 农药合理使用准则的规定。应对症下药，适期用药，更换使用不同的适用药剂，运用适当浓度与药量，合理混配药剂，并确保农药施用的安全间隔期。

2. 禁止施用高毒、剧毒、高残留农药

甲胺磷，甲基对硫磷，对硫磷，久效磷，磷胺，甲拌磷，甲基异硫磷，特丁硫磷，甲基硫环磷，治螟磷，内吸磷，克百威，涕灭威，灭线磷，硫环磷，蝇毒磷，地虫硫磷，氯唑磷，苯线磷等农药。

3. 主要病虫害防治

（1）晚疫病。在有利发病的地温高湿天气，每亩用0.17～0.21kg的70%代森锰锌可湿性粉剂600倍液，或用0.15～0.2kg的25%甲霜灵可湿性粉剂500～800倍稀释液，喷施预防，每7天左右喷1次，连续3～7次。交替使用。

（2）青枯病。发病初期每亩用14～28g的72%农用链霉素可溶性粉剂4 000倍液，或用3%中生菌素可湿性粉剂800～1 000倍液，或用0.15～0.2kg的77%氢氧化铜可溶性微粒粉剂40～500倍液灌根，隔10天灌1次，连续灌2～3次。

（3）环腐病。每亩用50mg/kg硫酸铜浸泡薯种10分钟。发病初期，用14～28g的72%农用链霉素可溶性粉剂4 000倍液，或用3%中生菌素可湿性粉剂800～1 000倍液喷雾。

（4）早疫病。在发病初期，用0.15～0.25kg的75%百菌清可湿性粉剂500倍液，或用0.15～0.2kg的77%氢氧化铜可湿性微粒粉剂400～500倍液喷雾，每隔7～10天喷1次，连续2～3次。

（5）蚜虫。发现蚜虫时防治，每亩用25～40g的5%抗蚜威可湿性粉剂1 000～2 000倍液，或用10～20g的10%吡虫啉可湿性粉剂2 000～4 000倍液，或用10～25ml的20%的氰戊菊酯乳油3 300～5 000倍液，或用20～40ml的10%氯氰菊酯乳油2 000～4 000倍液等药剂交替喷雾。

（6）蓟马。当发现蓟马危害时，应及时喷施药剂防治，可施用0.3%印楝素乳油800倍液，或用每亩10～25ml的20%的氰戊菊酯乳油3 300～5 000倍液，或用30～50ml的10%氯氰菊酯乳油1 500～4 000倍液喷施。

（7）粉虱。于种群发生初期，虫口密度尚低时，每亩用25～35ml 的 10%氯氰菊酯乳油 2 000～4 000 倍液，或用 10～20g 的 10%吡虫啉可湿性粉剂 2 000～4 000 倍液。

（8）金针虫、地老虎、蛴螬等地下害虫。可施用 0.38%苦参碱乳油 500 倍液，或每亩用 50ml 的 50%辛硫磷乳油 1 000 倍液，或用 65～130g 的 80%的敌百虫可湿性粉剂，用少量水溶化后和炒熟的棉籽饼或菜籽饼 70～100kg 拌匀，于傍晚撒在幼苗根的附近地面上诱杀。

（9）马铃薯块茎蛾。对有虫的种薯，室温下用溴甲烷 35g/m^3 或二硫化碳 7.5g/m^3 熏蒸 3 小时。在成虫盛发期每亩可喷洒 20～40ml 的 2.5%高效氯氟氰菊酯 2 000 倍液喷雾防治。

（10）二十八星瓢虫。发现成虫即开始喷药，每亩用 15～30ml 的 20%的氰戊菊酯乳油 3 000～4 500 倍液，或用 0.15kg 的 80%的敌百虫可湿性粉剂 500～800 倍稀释液喷洒，每 10 天喷药 1 次，在植株生长期连续喷药 3 次，注意叶背和叶面均匀喷药，以便把孵化的幼虫全部杀死。

（11）螨虫。每亩用 50～70ml 的 73%炔螨特乳油 2 000～3 000 倍稀释液，或用 0.9%阿维菌素乳油 4 000～6 000 倍稀释液，或施用其他杀螨剂，5～10 天喷药 1 次，连喷 3～5 次。喷药重点在植株幼嫩的叶背和茎的顶尖。

五、采收

根据生长情况与市场需求及时采收。采收前若植株未自然枯死，可提前 7～10 天杀秧。收获后，块茎避免暴晒、雨淋、霜冻和长时间暴露在阳光下而变绿。

六、生产档案

建立田间生产技术档案。对生产技术、病虫害防治和采收各环节所采取的主要措施进行详细记录。

备注：

1. 本技术规程

摘编于 NY/T 5222 – 2004 无公害食品　马铃薯生产技术规程

2. 规范性引用文件

　　GB 4285　　农药安全使用标准

　　GB 4406　　种薯

　　GB/T 8321（所有部分）农药合理使用准则

　　GB 18133　　马铃薯脱毒种薯

　　NY/T 496　　肥料合理使用准则　通则

　　NY 5010　　无公害食品 蔬菜产地环境条件

　　NY 5024　　无公害食品 马铃薯

参考文献

［1］侯振华．马铃薯栽培新技术［M］．沈阳：沈阳出版社，2010.

［2］孙慧生．马铃薯生产技术百问百答［M］．北京：中国农业出版社，2006.

［3］中共滕州市委组织部组织编写．马铃薯高校栽培技术问答［M］．天津：天津科学技术出版社，2003.

［4］吕佩珂，等．中国粮食作物经济作物药用植物病虫原色图鉴［M］．呼和浩特：远方出版社，1999.